JN279102

Javaによる
応用数値計算

赤間世紀 著

技報堂出版

まえがき

　近年，Java 言語はプログラミング言語の主流となってきた。よって，いわゆるJava による数値計算の重要性も高くなっている。実際，数値計算は，物理学から工学や経済学などのさまざまな分野で利用されているが，実用的な数値計算プログラムを作成することは必ずしも容易ではない。拙著「Java 2 による数値計算」では，基本的な数値計算プログラミングについて解説したが，数値計算全般の技術の紹介の観点からすると不十分であると考えられる。

　本書では，前著で扱わなかった題材を中心により応用可能性の高い高度な数値計算プログラミングについて論じる。また，オブジェクト指向の観点からの数値計算の解釈例についても説明する。すなわち，Java の使用により，数値計算，オブジェクト指向，インターネットの各技術が融合されることになる。各章では，まず理論的な解説を行い，次に例題プログラムを示す形態を取ることにしている。本書の構成は，次の通りである。

　第 1 章では，Java による数値計算プログラミングの重要性と概要について述べる。

　第 2 章では，LU 分解による連立方程式の解法について説明する。また，関連する行列式や逆行列についても触れる。

　第 3 章では，固有値問題を取り上げる。代表的な解法であるべき乗法，QR 法，Householder 法について説明する。

　第 4 章は，補間についての解説である。Lagrange 補間，Newton 補間，スプライン補間による近似式プログラムを紹介する。

　第 5 章では，代数方程式の解法について論じる。Bailey 法，Bernoulli 法，DKA 法について論じる。

まえがき

　第6章は，常微分方程式の解法として，Euler法とRunge-Kutta法について述べる。

　第7章では，オブジェクト指向機能の概要を解説した後，数値計算プログラミングへのいくつかの応用について説明する。また，GUI作成法についても述べる。

　最後の第8章では，Java言語の文法について簡単に紹介するので，本書掲載プログラムの解読に役立てて頂きたい。また，付録としてSun Microsystems社のJava 2 SDKの入手法を解説している。

　最後に，本書の企画および出版において技報堂出版の石井洋平氏と星憲一氏に御世話になったことを付け加えておく。

　　2004年10月　　　　　　　　　　　　　　　　　　　　赤間　世紀

目 次

第1章 序論 ... 1
1.1 Javaによる数値計算プログラミング ... 1
1.2 オブジェクト指向数値計算 ... 3

第2章 連立方程式 ... 7
2.1 連立方程式の解法 ... 7
2.2 LU分解 ... 12
2.3 行列式 ... 34
2.4 逆行列 ... 42

第3章 行列の固有値 ... 57
3.1 固有値問題 ... 57
3.2 べき乗法 ... 59
3.3 QR法 ... 66
3.4 Householder法 ... 74

第4章 補間 ... 85
4.1 補間による近似式 ... 85
4.2 Lagrange補間 ... 85
4.3 Newton補間 ... 90
4.4 スプライン補間 ... 96

第5章 代数方程式 ... 107
5.1 代数方程式の解法 ... 107

iii

目次

    5.2　Bailey 法 108
    5.3　Bernoulli 法 112
    5.4　DKA 法 117

第 6 章　常微分方程式　121
    6.1　常微分方程式の解法 121
    6.2　Euler 法 123
    6.3　修正 Euler 法 127
    6.4　Runge-Kutta 法 129

第 7 章　オブジェクト指向機能　133
    7.1　クラス定義 133
    7.2　継承とインタフェース 140
    7.3　GUI 149

第 8 章　Java 言語の文法　159
    8.1　識別子 159
    8.2　データ型 160
    8.3　演算子 163
    8.4　配列 167
    8.5　制御構造 169
    8.6　クラス 171
    8.7　入出力と例外処理 177

付録：Java 2 SDK の入手法　183

参考文献　185

索引　187

第1章 序論

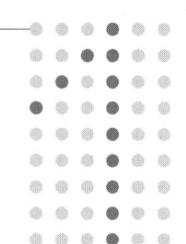

1.1 Java による数値計算プログラミング

Java は，Sun Microsystems 社が 1995 年頃に開発したオブジェクト指向型プログラミング言語である。Java は元々，Sun Microsystems 社の家電製品用のソフトウェア開発プロジェクトのための記述言語として登場した。その後，Sun Microsystems 社は Java 言語の開発環境である **JDK** (Java Development Kit) をインターネット上で無料で公開し，Java は**インターネット** (internet) の普及とともに注目されるようになった。現在，Java はデータベースからインターネット関連のさまざまなシステムの開発に利用されている。

さて，Java 言語の大きな特徴は，次の通りである。

- C++ に類似した仕様
- オブジェクト指向型言語
- インターネット対応
- バイトコードの採用
- セキュリティ機能

Java 言語の仕様は，基本的に C 言語に極めて近い。しかし，Java にはポインタや構造体はない。Java 言語は，オブジェクト指向をサポートしている。

オブジェクト指向 (object-oriented) とは，「もの」とその「操作」によりプログラムを作成するプログラミング技法である。

Java 言語の発展は，インターネットと深く関連している。**アプレット** (applet) と呼ばれる Java プログラムは HTML ファイルに埋め込まれ，高度な Web ペー

第1章　序論

ジの作成に利用されている。なお，オフラインで実行される Java プログラムは**アプリケーション** (application) と言われる。Java 言語は，コンパイラとインタプリタを併用している。まず，コンパイラにより**バイトコード** (byte code) と呼ばれる中間言語が生成される。そして，**Java 仮想マシン** (Java Virtual Machine: JVM) と呼ばれる**インタプリタ** (interpreter) が内蔵されているプラットフォーム上で実行される。このバイトコードはすべてのプラットフォーム上で同じ仕様として統一されているので，異なるプラットフォーム上で同様に実行することができる。その結果，Java 言語は移植性を持つ。Java 言語は，言語仕様として**セキュリティ機能** (security) がサポートされている。よって，インターネット上で安全に実行可能である。

　さて，**数値計算** (numerical computation) は，コンピュータ誕生以来のテーマである。すなわち，厳密な数学計算を高速な近似アルゴリズムを用い，コンピュータにより実現するものである。数値計算では，数学の理論のみならずアルゴリズムについての洞察が必要となる。数値計算の主な分野としては，次のようなものがある。

- 線形計算 (linear compuatation)
- 補間 (interpolation)
- 代数方程式 (algebraic equation)
- 微分方程式 (differenatial equation)
- 数値積分 (numerical integration)

線形計算は，行列に関する計算であり，**連立方程式** (simultaneous equation) と**固有値** (eigenvalue) が主な題材である。

補間は，いくつかの点を通る曲線の関数定義を求める手法である。したがって，補間はデータ解析でしばしば利用されている。

代数方程式は，n 次代数方程式の n 個の解を求めるものである。しかし，代数学の基本定理より，5 次以上の代数方程式の解の公式は存在しないため，近似による解法が必要となる。

微分方程式は，導関数を含む方程式であり，シミュレーションなどの分野で利用される技術である．一般に，微分方程式の解を解析的に求めることは困難であるので，近似的解法が実用的である．なお，微分方程式には，常微分方程式と偏微分方程式があるが，本書では前者のみを扱う．

数値積分は，数値的に積分値を求めるものである．なお，数値積分については，赤間 (1999) で解説しているので，本書では取り上げない．

本書では，数値積分を除く上記の分野について解説するが，これらの多くは応用性の高いものと思われる．もちろん，これらで数値計算の全分野をカバーするものではない．たとえば，統計計算，Fourie 変換，乱数なども重要な分野であるが，これらの解説については別の機会に譲ることにする．

1.2　オブジェクト指向数値計算

前節で Java の基本的特徴を述べたが，もっとも重要な点はオブジェクト指向方法論により，設計から実装を行うことができる点である．オブジェクト指向は，オブジェクトを一義的に考える方法論である．ここで，**オブジェクト** (object) はコンピュータの世界において対象となる「もの」を意味する．しかし，この定義は非常にあいまいであり，オブジェクト指向をむずかしいものにしている．オブジェクト指向は，1980 年代以降注目されるようになった．実際，オブジェクト指向は多くの分野で考慮されるようにもなった．オブジェクト指向に基づくプログラミングは，**オブジェクト指向プログラミング** (object-oriented programming) と呼ばれている．オブジェクト指向プログラミングでは，通常，オブジェクトは

$$\text{オブジェクト} = \text{データ} + \text{プログラム}$$

のように解釈されている．ここで，プログラムは処理と考えられるので，オブジェクトとはデータとその処理を一体にして抽象化したものと考えることができる．オブジェクト指向プログラミング以前の重要なプログラミング技法は，**構**

第1章 序論

造化プログラミング (structured programming) であった．構造化プログラミングでは，複雑なプログラムはいくつかの基本プログラム構造を組み合わせることにより，効率的に作成することができるとされている．しかし，その後，構造化プログラミングにおけるさまざまな問題点が明らかになり，処理対象をまとめて考えることが重要とされるようになった．そして，このような新しい考え方に対応するオブジェクト指向が解決策として注目されるようになった．

オブジェクト指向は，プログラミングだけでなくシステムの分析や開発など，ソフトウェアの幅広い分野において重要視されるようになった．そして，これらの応用分野は，1990年代になるとオブジェクト指向方法論 (object-oriented methodology) と呼ばれることになった．現在，Javaがオブジェクト指向方法論で重要な役割を果たしていることは疑いない．

さて，オブジェクト指向では，さまざまな概念が導入されているが，主なものは次の通りである．

- カプセル化
- 継承
- ポリモフィズム

カプセル化 (encapsulation) は，データとプログラムを一体化するこであり，オブジェクトの定義により実現される．カプセル化によって，オブジェクト以外の処理からはそのオブジェクト内のデータを扱うことができなくなる．すなわち，外部からのオブジェクト内の参照が不可能となるが，この機能は，情報隠蔽 (information hiding) とも呼ばれる．また，カプセル化によって，大きなシステムを構築する際，小さい部分をオブジェクトとして分割化して全体を作り上げるという過程が可能となる．この点は，オブジェクト指向の利点の一つである．なお，オブジェクトを抽象化すると，クラス (class) の概念が得られる．プログラミング言語の観点からすると，クラスはデータ型に，オブジェクトはあるクラスに属するデータと考えられる．

継承 (inheritance) は，古いオブジェクトから類似した新しいオブジェクト

1.2　オブジェクト指向数値計算

を作成する時，古いオブジェクトの性質を受け継ぐことができるというものである。ここで，一般的に考えクラス間の関係として継承は議論されることが多い。また，古いクラスは**スーパクラス** (superclass)，新しいクラスは**サブクラス** (subclass) と言われる。クラスの性質を考える場合，データとプログラムの定義があるが，それらを無条件に受け継ぐことができるので，同じ定義を繰り返し記述する必要がなくなる。そして，新しいクラスで必要な新しい定義のみを追加すれば良い。さらに，古いクラスの定義の一部を変更することもできる。なお，クラス内で定義されるプログラムは**メソッド** (method) と呼ばれ，継承において新しいクラスの定義を変更することは**オーバライド** (override) と呼ばれる。したがって，継承は，ソフトウェアの再利用を可能にする可能にすると考えられる。

　ポリモフィズム (polymorphism) は，異なるオブジェクトを同様のインタフェースで扱う技術を総称したものである。異なるオブジェクトに対して同じまたは類似の処理を行いたい場合，オブジェクトの種類により対応する処理が「自動的」に行われれば，プログラマの負荷が減少する。実際には，ポリモフィズムは継承などの各種の概念を組合わせて実現される。

　本書では，オブジェクト指向による数値計算を**オブジェクト指向数値計算** (object-oriented numerical computation) と呼ぶことにする。筆者は，オブジェクト指向数値計算は数値計算の基礎から応用までで新しい局面を開くと信じている。まず，数値計算は数学計算を近似するものであるが，その目的はさまざまな分野での利用にある。すなわち，特定の問題の解決においてその価値が明らかになるわけである。ソフトウェアの対象は複雑化かつ多様化しており，対象のモデリングは我々の思考レベルに近い形で行われるのが理想的である。オブジェクト指向は，まさにそのようなモデリングを可能にする方法論であり，その方法論における数値計算の位置付けが必要となる。

　次に，オブジェクト指向が数値計算において威力を発揮するのは，ソフトウェアの再利用である。実際，数値計算の長年の研究により多くのアルゴリズムが

第1章 序論

考案され，FORTRAN や C により実装されている。つまり，数値計算に関する膨大な資産が残されているわけである。しかし，それらの多くは宝の持ち腐れになり眠っている。その理由としては，アルゴリズムが特殊であり，一般人には理解不能のものがある点が考えられる。また，FORTRAN などの昔のプログラミング言語で記述されているプログラムを Java などの別のプログラミング言語で移植することは思ったほど簡単ではない。

　オブジェクト指向数値計算は，これらの問題の解決することができる[1]。すなわち，各種の数値計算アルゴリズムをクラスとして抽象化することにより，さまざまな形での再利用が可能となる。たとえば，アルゴリズムの改良時には，アルゴリズム中の修正点のみを継承機能により記述することにより，従来のアルゴリズムが再利用される。また，基本数値計算アルゴリズムを部品化することにより，多くの人が数値計算の恩恵を得ることになる。残念ながら，現在，オブジェクト指向数値計算の価値を正しく認識している研究者は少ない。筆者は，本書の読者がオブジェクト指向数値計算の新たな展開における中心人物になることを信じて第 2 章に筆を進めることにする。

---

[1] オブジェクト指向に関する用語の詳細については，第 7 章で説明する。

第2章 連立方程式

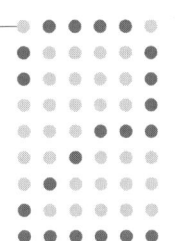

2.1 連立方程式の解法

連立方程式 (simultaneous equation) は，一般には，**線形方程式** (linear equation) として議論されるもので，工学から社会科学までのさまざまな分野で利用されている (Strang (1976) 参照)。なお，連立方程式の基礎理論については，赤間 (2001) などを参照されたい。Java による連立方程式の数値計算アルゴリズムは，赤間 (1999) ですでに解説しているが，直接行列の要素を消去し解を求める**直接法** (direct method) と反復計算により近似的に解を求める**反復法** (iterative method) に分類される。本書では，直接法の一つである LU 分解の利用をした解法について説明する。なお，LU 分解は Gauss の消去法などよりも一般的な解法である。

さて，連立 1 次方程式は，行列とベクトルを用い次のように表現することができる。

$$Ax = b$$

ただし，A は $n \times n$ 行列，x と b は n 列ベクトルを表す。したがって，n 元連立方程式

$$\begin{cases} a_{11}x_1 + \ldots + a_{1n}x_n = b_1 \\ \vdots \qquad \vdots \qquad \vdots \\ a_{n1}x_1 + \ldots + a_{nn}x_n = b_n \end{cases}$$

は行列を用い

第2章 連立方程式

$$\begin{pmatrix} a_{11} & \cdots & a_{1n} \\ \vdots & \ddots & \vdots \\ a_{n1} & \cdots & a_{nn} \end{pmatrix} \begin{pmatrix} x_1 \\ \vdots \\ x_n \end{pmatrix} = \begin{pmatrix} b_1 \\ \vdots \\ b_n \end{pmatrix}$$

と表すことができる。連立方程式を解くということは，未知数 $x_1,...,x_n$ の値を求めることである。よって，以下のように A の逆行列 A^{-1} を左からかけることによって x を求めることができる。すなわち

$$A^{-1}A\boldsymbol{x} = E\boldsymbol{x} = \boldsymbol{x} = A^{-1}\boldsymbol{b}$$

となる。ここで，E は単位行列である。なお，A の行列式の値が 0 でない場合，すなわち**正則** (non-singular) の場合のみ解は存在する。理論的には，逆行列を計算して連立方程式の解を求めることができる。しかし，実用的には，逆行列の計算を行わないで，解を求める方法が数値計算では利用されている。

連立方程式の数値計算では，いわゆるの **Gauss の消去法** (Gaussian elimination) により解を計算する (赤間 (1999, 2001) 参照)。また，逆行列の計算にも Gauss の消去法を応用することができる。

Gauss の消去法では，連立方程式 $A\boldsymbol{x} = \boldsymbol{b}$ を次の形を持つ**拡大係数行列** (augmented coefficient matrix)

$$[A : \boldsymbol{b}]$$

で表現する。ここで，A は**係数行列** (coeffient matrix)，$\boldsymbol{b}$ は**定数ベクトル** (constant vector) と言われる。また，解は**解ベクトル** (solution vector) として表される。Gauss の消去法の操作は，

- 前進消去
- 後退代入
- ピボット操作

からなる。**前進消去** (forward elimination) は，基本変形を用い係数行列を**上三角行列** (upper triangular matrix) と呼ばれる次の形の行列 A' に変形する操作である。

2.1 連立方程式の解法

$$A' = \begin{pmatrix} a_{11} & a_{12} & a_{13} & ... & a_{1n} \\ 0 & a_{22} & a_{23} & ... & a_{2n} \\ 0 & 0 & a_{33} & ... & a_{3n} \\ \vdots & \vdots & \vdots & \ddots & \vdots \\ 0 & 0 & 0 & ... & a_{nn} \end{pmatrix}$$

ただし，a_{ij} は基本変形が適用されている．同時に，拡大係数行列の $\boldsymbol{b}$ にも同じ基本変形が適用される．また，対角要素 a_{ii} は 0 でないとする．

後退代入 (backward substitution) は，前進消去の結果得られる拡大係数行列 $[A':\boldsymbol{b}']$ から解を求める操作である．

ピボット操作 (pivoting) は，前進消去の際係数行列の対角要素が 0 にならないように，拡大係数行列の行の交換を行うものである．これは，部分選択と言われる．なお，列の交換も可能であるが，拡大係数行列の行と列の両方の交換を行うものは完全選択と言われる．部分選択が，一般には用いられる．また，実際には，拡大係数行列に適当なピボット操作を適用後，前進消去と後退代入を行う方が効率的である．

では，Gauss の消去法のアルゴリズム Gauss を以下に示す．

Gauss の消去法アルゴリズム: Gauss

(Gauss-1) 連立方程式を拡大係数行列 $[A:\boldsymbol{b}]$ の形に書く．すなわち，

$$\begin{pmatrix} a_{11}^{(1)} & a_{12}^{(1)} & ... & a_{1n}^{(1)} & b_1^{(1)} \\ a_{21}^{(1)} & a_{22}^{(1)} & ... & a_{2n}^{(1)} & b_2^{(1)} \\ \vdots & \vdots & \ddots & \vdots & \vdots \\ a_{n1}^{(1)} & a_{n2}^{(1)} & ... & a_{nn}^{(1)} & b_n^{(1)} \end{pmatrix}$$

となる．なお，$a_{ij}^{(1)}, b_{ij}^{(1)}$ は，計算開始時の値を表す．

(Gauss-2: 前進消去) まず，(pivot) を実行し，$k = 1, 2, ..., n-1$ について以下の式を実行する．

$$a_{kj}^{(k+1)} = \frac{a_{kj}^{(k)}}{a_{kk}^{(k)}} \quad (j = k, k+1, .., n)$$

第2章 連立方程式

$$b_k^{(k+1)} = \frac{b_k^{(k)}}{a_{kk}^{(k)}}$$

ここで，$a_{kk}^{(k)}$ はピボットである。この操作は，第 k 行を $a_{kk}^{(k)}$ で割ることに対応する。次に，$i = k+1, k+2, ..., n$ について以下の式を実行する。

$$a_{ij}^{(k+1)} = a_{ij}^{(k)} - a_{ik}^{(k)} a_{kj}^{(k+1)} \quad (j = k, k+1, .., n)$$

$$b_i^{(k+1)} = b_i^{(k)} - a_{ik}^{(k)} b_k^{(k+1)}$$

この操作は，前記の操作後の第 k 行の $a_{ik}^{(k)}$ 倍を第 i 行から引くことに対応する。(Gauss-3) $k = 2, ..., n-1$ について (Gauss-2) の式を実行する。すると，(Gauss-2) の行列は次の形になる ($a_{kk}^k = 1\ (k = 1, 2, ..., n-1)$)。

$$\begin{pmatrix} a_{11}^{(1)} & a_{12}^{(1)} & a_{13}^{(1)} & \cdots & a_{1n}^{(1)} & b_1^{(1)} \\ 0 & a_{22}^{(2)} & a_{23}^{(2)} & \cdots & a_{2n}^{(2)} & b_2^{(2)} \\ 0 & 0 & a_{33}^{(3)} & \cdots & a_{3n}^{(3)} & b_3^{(3)} \\ \vdots & \vdots & \vdots & \ddots & \vdots & \vdots \\ 0 & 0 & 0 & \cdots & a_{nn}^{(n)} & b_n^{(n)} \end{pmatrix}$$

(Gauss-4: 後退代入) (Gauss-3) の行列の第 n 行から x_n を次のように求める。

$$x_n = \frac{b_n^{(n)}}{a_{nn}^{(n)}}$$

以下，$x_{n-1}, ..., x_2, x_1$ を次の式から求める ($k = n-1, n-2, ..., 1$)。

$$x_k = b_k^{(k)} - \sum_{j=k+1}^{n} a_{kj}^{(k+1)} x_j$$

(pivot: ピボット操作) 前進消去において $a_{ik}^{(k)} = max(a_{kk}^{(k)}, ..., a_{kk}^{(k)})$ とすると，$a_{ik}^{(k)}$ と $a_{kk}^{(k)}$ を交換する。

例題 2.1 (Gauss の消去法)

では，Gauss の消去法により次の連立方程式を解いてみよう。

2.1 連立方程式の解法

$$\begin{cases} 8x + 16y + 24z = 112 \\ 2x + 7y + 12z = 52 \\ 6x + 17y + 33z = 139 \end{cases}$$

この連立方程式の行列表示は，次の通りである．

$$\begin{pmatrix} 8 & 16 & 24 \\ 2 & 7 & 12 \\ 6 & 17 & 33 \end{pmatrix} \begin{pmatrix} x \\ y \\ z \end{pmatrix} = \begin{pmatrix} 112 \\ 52 \\ 139 \end{pmatrix}$$

まず，この連立方程式を拡大係数行列 $[A:\boldsymbol{b}]$ に書き直す．

$$\begin{pmatrix} 8 & 16 & 24 & 112 \\ 2 & 7 & 12 & 52 \\ 6 & 17 & 33 & 139 \end{pmatrix}$$

次に，前進消去を始める．a_{21} を消去するためには，まず，(1行)$\times \frac{1}{8}$ を計算する．

$$\begin{pmatrix} 1 & 2 & 3 & 14 \\ 2 & 7 & 12 & 52 \\ 6 & 17 & 33 & 139 \end{pmatrix}$$

そして，(2行) $-$ (1行) $\times 2$ により a_{11} を消去する．

$$\begin{pmatrix} 1 & 2 & 3 & 14 \\ 0 & 3 & 6 & 24 \\ 6 & 17 & 33 & 139 \end{pmatrix}$$

今度は，a_{31} を消去する．(3行) $-$ (1行) $\times 6$ より，

$$\begin{pmatrix} 1 & 2 & 3 & 14 \\ 0 & 3 & 6 & 24 \\ 0 & 5 & 15 & 55 \end{pmatrix}$$

となる．さらに，a_{32} を消去する．まず，ピボット操作から，

$$\begin{pmatrix} 1 & 2 & 3 & 14 \\ 0 & 5 & 15 & 55 \\ 0 & 3 & 6 & 24 \end{pmatrix}$$

第 2 章 連立方程式

となる。そして，(2 行) × $\frac{1}{5}$ から，

$$\begin{pmatrix} 1 & 2 & 3 & 14 \\ 0 & 1 & 3 & 11 \\ 0 & 3 & 6 & 24 \end{pmatrix}$$

となり，(3 行) − (2 行) × 3 より，

$$\begin{pmatrix} 1 & 2 & 3 & 14 \\ 0 & 1 & 3 & 11 \\ 0 & 0 & -3 & -9 \end{pmatrix}$$

が得られる。

最後に，後退代入により解を求める。まず，3 行から

$z = 3$

となる。y は z から求める。

$y = 11 - 3z = 11 - 9 = 2$

x は y, z から求める。

$x = 14 - 3z - 2y = 14 - 9 - 4 = 1$

よって，Gauss の消去法により連立方程式の解を求めることができる。すなわち，

$x = 1, y = 2, z = 3$

となる。Gauss の消去法のプログラムは，赤間 (1999) で示した通りである。

2.2 LU 分解

LU 分解 (LU factorization) は，Gauss の消去法の一般化とも考えられる解法であり，係数行列 A を L と U の二つの行列に分解し，解を求める。LU 分解は，複数の b に対して解を効率的に求めることができるなどの利点を持つ。すなわち，係数行列 A を

2.2 LU 分解

$$A = LU$$

のように分解する操作が LU 分解である。ただし，L は**下三角行列** (lower triangular matrix)，U は上三角行列である。すなわち，

$$L = \begin{pmatrix} l_{11} & 0 & 0 & \ldots & 0 \\ l_{21} & l_{22} & 0 & \ldots & 0 \\ l_{31} & l_{32} & l_{33} & \ldots & 0 \\ \vdots & \vdots & \vdots & \ddots & \vdots \\ l_{n1} & l_{n2} & l_{n3} & \ldots & l_{nn} \end{pmatrix} \quad U = \begin{pmatrix} u_{11} & u_{12} & u_{13} & \ldots & u_{1n} \\ 0 & u_{22} & u_{23} & \ldots & u_{2n} \\ 0 & 0 & u_{33} & \ldots & u_{3n} \\ \vdots & \vdots & \vdots & \ddots & \vdots \\ 0 & 0 & 0 & \ldots & u_{nn} \end{pmatrix}$$

である。これら二つは，三角行列とも言われる。なお，LU 分解には，$u_{kk} = 1$ ($1 \leq k \leq n$) とする **Crout (クラウト) 法** (Crout's method) と $l_{kk} = 1$ ($1 \leq k \leq n$) とする **Doolittle (ドゥーリトル) 法** (Doolittle's method) などがある[1]。

連立方程式 $Ax = b$ は，LU 分解 $A = LU$ から，

$$LUx = b$$

と書くことができる。今，$y = Ux$ と置けば，$Ax = b$ は

$$Ly = b$$
$$Ux = y$$

と同等である。よって，後退代入によって，まず y を求め，最終的に x を容易に求めることができる。

Crout 法による LU 分解のアルゴリズムは，次の通りである。

LU 分解 (Crout 法) アルゴリズム: LU-C

(LU-C-1)　$l_{i1} = a_{i1}$ ($i = 1, 2, ..., n$)

(LU-C-2)　$u_{11} = 1$

(LU-C-3)　$u_{i1} = 0$ ($i = 2, 3, ..., n$)

(LU-C-4)　$l_{1j} = 0$ ($j = 2, 3, ..., n$)

---
[1] 多くの文献では，Doolittle 法を LU 分解と呼んでいる。

第 2 章　連立方程式

(LU-C-5)　　$u_{1j} = \dfrac{a_{1j}}{l_{11}}$ $(j = 2, 3, ..., n)$

(LU-C-6)　　$i = 2, 3, ..., n$ について，以下を実行する。

(i)　　$l_{ii} = a_{1i} - \sum_{k=1}^{i-1} l_{ik} u_{ki}$

(ii)　　$u_{ii} = 1$

　　　$j = i+1, ..., n$ について，以下を実行する。

(iii)　　$l_{ji} = a_{ji} - \sum_{k=1}^{i-1} l_{jk} u_{ki}$

　　　$u_{ji} = 0$

(iv)　　$\left(a_{ji} - \sum_{k=1}^{i-1} l_{ik} u_{kj} \right) / l_{ii}$

(v)　　$l_{ij} = 0$

(LU-C-7)　　$\boldsymbol{y} = U\boldsymbol{x}$ とおき，y_n を次のように求める。

$$y_1 = \dfrac{b_1}{l_{11}}$$

$$y_i = \left(b_i - \sum_{j=1}^{i-1} l_{ij} y_j \right) / l_{ii}$$

(LU-C-8)　　x_i を次のように求める。

$$x_n = y_n$$

$$x_i = y_i - \sum_{j=i+1}^{n} u_{ij} x_j.$$

　ここで，U の計算は，本質的に Gauss の消去法と同じであるので，代用することもできる。そして，ピボット操作時に (pivot) 取り込むことができる。なお，ピボット操作を行列 D で記述することも可能であり，この場合の分解は，

2.2 LU 分解

LDU 分解とも言われている。

例題 2.2 (LU 分解 (Crout 法))

では，Crout 法による LU 分解を利用して例題 2.1 の連立方程式を解いてみよう。まず，係数行列 A を LU 分解する。

$$A = \begin{pmatrix} 8 & 16 & 24 \\ 2 & 7 & 12 \\ 6 & 17 & 33 \end{pmatrix}$$

となるが，U はピボット操作付き Gauss の消去法により求めることができる。まず，$U = A$ と置く。例題 2.1 より，

$$U = \begin{pmatrix} 1 & 2 & 3 \\ 2 & 7 & 12 \\ 6 & 17 & 33 \end{pmatrix} \to \begin{pmatrix} 1 & 2 & 3 \\ 0 & 3 & 6 \\ 6 & 17 & 33 \end{pmatrix} \to \begin{pmatrix} 1 & 2 & 3 \\ 0 & 3 & 6 \\ 0 & 5 & 15 \end{pmatrix} \to$$

$$\begin{pmatrix} 1 & 2 & 3 \\ 0 & 5 & 15 \\ 0 & 3 & 6 \end{pmatrix} \to \begin{pmatrix} 1 & 2 & 3 \\ 0 & 1 & 3 \\ 0 & 3 & 6 \end{pmatrix} \to \begin{pmatrix} 1 & 2 & 3 \\ 0 & 1 & 3 \\ 0 & 0 & -3 \end{pmatrix} \to \begin{pmatrix} 1 & 2 & 3 \\ 0 & 1 & 3 \\ 0 & 0 & 1 \end{pmatrix}$$

となる。ここで，元の行列 A はピボット操作の適用により，

$$A = \begin{pmatrix} 8 & 16 & 24 \\ 6 & 17 & 33 \\ 2 & 7 & 12 \end{pmatrix}$$

となっている。

次に，L を求める。まず，(LU-C-1), (LU-C-4) から

$$L = \begin{pmatrix} 8 & 0 & 0 \\ 6 & * & * \\ 2 & * & * \end{pmatrix}$$

となる。ただし，$*$ は未確定要素を表す。(LU-C-6i) から，

$$l_{22} = a_{22} - l_{21}u_{12} = 17 - 6 \times 2 = 17 - 12 = 5$$

より，

第2章 連立方程式

$$\begin{pmatrix} 8 & 0 & 0 \\ 6 & 5 & * \\ 2 & * & * \end{pmatrix}$$

となる。次に，(LU-C-6iii) から，

$$l_{32} = a_{32} - l_{31}u_{12} = 7 - 2 \times 2 = 7 - 4 = 3$$

より，

$$\begin{pmatrix} 8 & 0 & 0 \\ 6 & 5 & * \\ 2 & 3 & * \end{pmatrix}$$

となる。さらに，(LU-C-6i) から，

$$l_{33} = a_{33} - l_{31}u_{13} - l_{32}u_{23} = 12 - 2 \times 3 - 3 \times 3 = 12 - 6 - 9 = -3$$

より，

$$\begin{pmatrix} 8 & 0 & 0 \\ 6 & 5 & * \\ 2 & 3 & -3 \end{pmatrix}$$

となる。最後に，(LU-C-6iv) から，

$$l_{23} = 0$$

より，

$$\begin{pmatrix} 8 & 0 & 0 \\ 6 & 5 & 0 \\ 2 & 3 & -3 \end{pmatrix}$$

となる。よって，A の LU 分解は

$$A = LU = \begin{pmatrix} 8 & 0 & 0 \\ 6 & 5 & 0 \\ 2 & 3 & -3 \end{pmatrix} \begin{pmatrix} 1 & 2 & 3 \\ 0 & 1 & 3 \\ 0 & 0 & 1 \end{pmatrix}$$

2.2 LU 分解

と書くことができる。

前進代入 (LU-C-7) は,

$$L\boldsymbol{y} = \begin{pmatrix} 8 & 0 & 0 \\ 6 & 5 & 0 \\ 2 & 3 & -3 \end{pmatrix} \begin{pmatrix} x' \\ y' \\ z' \end{pmatrix} = \boldsymbol{b} = \begin{pmatrix} 112 \\ 139 \\ 52 \end{pmatrix}$$

に適用される。すなわち,

$$x' = \frac{112}{8} = 14$$

$$y' = \frac{1}{5}(139 - 6x') = \frac{55}{5} = 11$$

$$z' = -\frac{1}{3}(52 - 2x' - 3y') = -\frac{1}{3}(52 - 28 - 33) = 3$$

となる。最後に, 後退代入 (LU-C-7) により, 解が求められる。すなわち,

$$U\boldsymbol{x} = \begin{pmatrix} 1 & 2 & 3 \\ 0 & 1 & 3 \\ 0 & 0 & 1 \end{pmatrix} \begin{pmatrix} x \\ y \\ z \end{pmatrix} = \boldsymbol{y} = \begin{pmatrix} 14 \\ 11 \\ 3 \end{pmatrix}$$

から次のようになる。

$$z = 3$$

$$y = 11 - 3z = 11 - 9 = 2$$

$$x = 14 - 3z - 2y = 14 - 9 - 4 = 1$$

よって, 解は $x = 1, y = 2, z = 3$ となる。

次のプログラム JAN201.java は, Crout 法による連立方程式解法プログラムである。なお, U の計算は Gauss の消去法アルゴリズムが応用されている。このプログラムでは, L と U およびピボット操作後の係数行列 B も表示される。

```
1: // 2.1  LU 分解 (1)
2: import java.io.*;
3: public class JAN201
4: {
5:     public static void main(String args[]) throws IOException
```

第2章 連立方程式

```
 6:     {
 7:         int n,cnt1,cnt2,ret;
 8:         String s;
 9:         InputStreamReader in = new InputStreamReader(System.in);
10:         BufferedReader br = new BufferedReader(in);
11:         System.out.println("LU 分解: Crout 法");
12:         System.out.println("何元 1 次方程式ですか？");
13:         s = br.readLine();
14:         n = Integer.valueOf(s).intValue();
15:         double [][] a = new double[n][n+1];
16:         System.out.println("拡大係数行列 [A: b] を入力して下さい。");
17:         for(cnt1 = 1; cnt1 < n+1; cnt1++)
18:         {
19:             for(cnt2 = 1; cnt2 < n+2; cnt2++)
20:             {
21:                 System.out.print(cnt1+"行"+cnt2+"列: ");
22:                 s = br.readLine();
23:                 a[cnt1-1][cnt2-1] = Double.valueOf(s).doubleValue();
24:             }
25:         }
26:         System.out.println("A = ");
27:         for(cnt1 = 0; cnt1 < n; cnt1++)
28:         {
29:             for(cnt2 = 0; cnt2 < n; cnt2++)
30:             {
31:                 System.out.print(a[cnt1][cnt2]+"\t");
32:             }
33:             System.out.print("\n");
34:         }
35:         ret = LU(n,a);
36:         if(ret != 1)
37:         {
38:             forward(n,a);
39:             backward(n,a);
40:             for(cnt1 = 1; cnt1 < n+1; cnt1++)
41:             {
42:                 System.out.println("x("+cnt1+") = "+a[cnt1-1][n]);
43:             }
44:         }
```

2.2 LU 分解

```
45:    }
46:    static int LU(int n, double a[][])
47:    { // LU 分解
48:        int cnt0, cnt1, cnt2, cnt3;
49:        double [][] l = new double[n][n];
50:        double [][] u = new double[n][n];
51:        double [][] b = new double[n][n];
52:        double d;
53:        for(cnt1 = 0; cnt1 < n; cnt1++)
54:        {
55:            pivot(cnt1, n, a);
56:            if(a[cnt1][cnt1] == 0.0)
57:            {
58:                System.out.println("解なし");
59:                return(1);
60:            }
61:            for(cnt2 = cnt1+1; cnt2 < n; cnt2++)
62:            {
63:                a[cnt1][cnt2] /= a[cnt1][cnt1];
64:            }
65:            for(cnt2 = cnt1+1; cnt2 < n; cnt2++)
66:            {
67:                for(cnt3 = cnt1+1; cnt3 < n; cnt3++)
68:                {
69:                    a[cnt2][cnt3] -= a[cnt1][cnt3] * a[cnt2][cnt1];
70:                }
71:            }
72:        }
73:        for(cnt1 = 0; cnt1 < n; cnt1++)
74:        {
75:            for(cnt2 = 0; cnt2 < n; cnt2++)
76:            {
77:                l[cnt1][cnt2] = 0.0;
78:            }
79:        }
80:        for(cnt1 = 0; cnt1 < n; cnt1++)
81:        {
82:            for(cnt2 = 0; cnt2 < cnt1+1; cnt2++)
83:            {
84:                l[cnt1][cnt2] = a[cnt1][cnt2];
```

19

第2章 連立方程式

```
 85:            }
 86:        }
 87:        System.out.println("L = ");
 88:        for(cnt1 = 0; cnt1 < n; cnt1++)
 89:        {
 90:            for(cnt2 = 0; cnt2 < n; cnt2++)
 91:            {
 92:                System.out.print(l[cnt1][cnt2]+"¥t");
 93:            }
 94:            System.out.print("¥n");
 95:        }
 96:        for(cnt1 = 0; cnt1 < n; cnt1++)
 97:        {
 98:            for(cnt2 = cnt1; cnt2 < n; cnt2++)
 99:            {
100:                u[cnt1][cnt2] = a[cnt1][cnt2];
101:                if(cnt1 == cnt2)
102:                    u[cnt1][cnt2] = 1.0;
103:            }
104:        }
105:        System.out.println("U = ");
106:        for(cnt1 = 0; cnt1 < n; cnt1++)
107:        {
108:            for(cnt2 = 0; cnt2 < n; cnt2++)
109:            {
110:                System.out.print(u[cnt1][cnt2]+"\t");
111:            }
112:            System.out.print("¥n");
113:        }
114:        System.out.println("B = LU = (ピボット操作後の A) = ");
115:        for(cnt1 = 0; cnt1 < n; cnt1++)
116:        {
117:            for(cnt2 = 0; cnt2 < n; cnt2++)
118:            {
119:               d = 0.0;
120:               for(cnt0 = 0; cnt0 < n; cnt0++)
121:               {
122:                  d = d + l[cnt1][cnt0] * u[cnt0][cnt2];
123:                  b[cnt1][cnt2] = d;
124:               }
```

2.2 LU 分解

```
125:            }
126:        }
127:        for(cnt1 = 0; cnt1 < n; cnt1++)
128:        {
129:            for(cnt2 = 0; cnt2 < n; cnt2++)
130:            {
131:                System.out.print(b[cnt1][cnt2]+"\t");
132:            }
133:            System.out.print("\n");
134:        }
135:        return(0);
136:    }
137:    static void forward(int n, double a[][])
138:    { // 前進代入
139:        int cnt1, cnt2;
140:        for(cnt1 = 0; cnt1 < n; cnt1++)
141:        {
142:            for(cnt2 = 0; cnt2 < cnt1; cnt2++)
143:            {
144:                a[cnt1][n] -= a[cnt2][n] * a[cnt1][cnt2];
145:            }
146:            a[cnt1][n] /= a[cnt1][cnt1];
147:        }
148:    }
149:    static void backward(int n, double a[][])
150:    { // 後退代入
151:        int cnt1, cnt2;
152:        for(cnt1 = n-2; cnt1 >= 0; cnt1--)
153:        {
154:            for(cnt2 = cnt1+1; cnt2 < n; cnt2++)
155:            {
156:                a[cnt1][n] -= a[cnt2][n] * a[cnt1][cnt2];
157:            }
158:        }
159:    }
160:    static void pivot(int cnt1, int n, double a[][])
161:    { // ピボット選択
162:        int cnt2, max_num;
163:        double max, temp;
164:        max = Math.abs(a[cnt1][cnt1]);
```

第 2 章　連立方程式

```
165:        max_num = cnt1;
166:        if(cnt1 != n-1)
167:        {
168:            for(cnt2 = cnt1+1; cnt2 < n; cnt2++)
169:            {
170:                if(Math.abs(a[cnt2][cnt1])>max)
171:                {
172:                    max = Math.abs(a[cnt2][cnt1]);
173:                    max_num = cnt2;
174:                }
175:            }
176:        }
177:        if(max_num != cnt1)
178:        {
179:            for(cnt2 = 0; cnt2 < n+1; cnt2++)
180:            {
181:                temp = a[cnt1][cnt2];
182:                a[cnt1][cnt2] = a[max_num][cnt2];
183:                a[max_num][cnt2] = temp;
184:            }
185:        }
186:    }
187:}
```

　46-136 行では，LU 分解を行うメソッド LU が定義されている。なお，LU では，55 行でピボットの部分選択を行うメソッド pivot (160-186 行) が呼び出される。なお，LU は基本的に Gauss の消去法と同じ処理を行っている。137-148 行では，前進代入を行うメソッド forward が定義されている。149-160 行は，後退代入を行うメソッド backward が定義されている。
　プログラム JAN201.java を実行すると，次のような結果が得られる。

```
LU 分解: Crout 法
何元 1 次方程式ですか？
3
拡大係数行列 [A: b] を入力して下さい。
1 行 1 列: 8
1 行 2 列: 16
1 行 3 列: 24
```

22

2.2 LU 分解

```
1 行 4 列: 112
2 行 1 列: 2
2 行 2 列: 7
2 行 3 列: 12
2 行 4 列: 52
3 行 1 列: 6
3 行 2 列: 17
3 行 3 列: 33
3 行 4 列: 139
A =
8.0        16.0       24.0
2.0        7.0        12.0
6.0        17.0       33.0
L =
8.0        0.0        0.0
6.0        5.0        0.0
2.0        3.0        -3.0
U =
1.0        2.0        3.0
0.0        1.0        3.0
0.0        0.0        1.0
B = LU = (ピボット操作後の A) =
8.0        16.0       24.0
6.0        17.0       33.0
2.0        7.0        12.0
x(1) = 1.0
x(2) = 2.0
x(3) = 3.0
```

B から，ピボット操作により 2 行と 3 行が交換されていることが分かる．

上述のように，LU 分解では U または L の対角要素が 1 となるので，L, U の要素は A の記憶領域に保存することが可能であり，これは記憶の節約となる．すなわち，上記の例題では，

$$lu = \begin{pmatrix} 8 & 2 & 3 \\ 6 & 5 & 3 \\ 2 & 3 & -3 \end{pmatrix}$$

第 2 章　連立方程式

とすることができる。よって，L, U の表示をせず連立方程式の解のみが必要な場合には，プログラム JAN201.java の 73-126 行と L, U の配列定義は不要となる。

次に，Doolittle 法による LU 分解を用いた連立方程式の解法について説明する。Doolittle 法も Gauss の消去法を応用することができるが，その場合の消去は係数行列の対角要素を 1 にしない別のアルゴリズム Gauss 2 が必要となる。

Gauss の消去法アルゴリズム: Gauss 2

(Gauss 2-1)　連立方程式を拡大係数行列 $[A : b]$ の形に書く。

(Gauss 2-2: 前進消去)　まず，(pivot) を実行し，$k = 1, 2, ..., n-1$ について以下の式を実行する。

$$d_k = \frac{1}{a_{kk}^{(k)}}$$

なお，d_k をピボット係数と呼ぶことにする。

次に，$i = k+1, k+2, ..., n$ について以下の式を実行する。

$$m_{ik} = a_{ik}^{(k)} d_k$$

さらに，$j = k+1, ..., n$ について以下の式を実行する。

$$a_{ij}^{(k+1)} = a_{ij}^{(k)} - m_{ik} a_{kj}^{(k)}$$
$$b_i^{(k+1)} = b_i^{(k)} - m_{ik} b_k^{(k)}$$

この操作は，前記の操作後の第 k 行の $a_{ik}^{(k)}$ 倍を第 i 行から引くことに対応する。

(Gauss 2-3: 後退代入)　(Gauss 2-2) の行列の第 n 行から x_n を次のように求める。

$$x_n = b_n^{(n)} d_n$$

以下，$x_{n-1}, ..., x_2, x_1$ を次の式から求める ($k = n-1, n-2, ..., 1$)。

2.2 LU 分解

$$x_k = (b_k^{(k)} - \sum_{j=k+1}^{n} a_{kj}^{(k+1)} x_j) d_k$$

Doolittle 法では，U の計算に (Gauss 2-2) を利用することができる。

LU 分解 (Doolittle 法) アルゴリズム: LU-D

(LU-D-1)　　(Gauss 2-1), (Gauss 2-2)

(LU-D-2)　　$l_{ii} = 1$

(LU-D-3)　　$l_{ij} = 0 \ (i = 1, 2, ..., n-1, j = i+1, ..., n)$

(LU-D-4)　　$l_{ij} = m_{ij} \ (i = 2, 3, ..., n, i > j)$

(LU-D-5)　　$\boldsymbol{y} = U\boldsymbol{x}$ とおき，y_n を次のように求める。

$$y_1 = b_1$$

$$y_i = \left(b_i - \sum_{j=1}^{n-1} l_{nj} y_j \right)$$

(LU-C-8)　　x_i を次のように求める。

$$x_n = \frac{y_n}{u_{nn}}$$

$$x_i = \left(y_i - \sum_{j=i+1}^{n} u_{ij} x_j \right) / u_{ii}.$$

例題 2.3 (LU 分解 (Doolittle 法))

では，Doolittle 法による LU 分解を利用して例題 2.2 の連立方程式を解いてみよう。なお，Doolittle 法は手計算の場合，Crout 法よりも簡単に計算ができる。まず，係数行列 A を LU 分解する。

$$A = \begin{pmatrix} 8 & 16 & 24 \\ 2 & 7 & 12 \\ 6 & 17 & 33 \end{pmatrix}$$

となるが，U はピボット操作付き Gauss の消去法 (Gauss 2) により求めることができる。まず，$U = A$ と置く。(Gauss 2-2) により，前進消去を行う。ピ

第 2 章　連立方程式

ボット係数は $\frac{a_{21}}{a_{11}} = \frac{2}{8} = \frac{1}{4}$ となるので，(2 行) − (1 行) × $\frac{1}{4}$ から a_{21} を消去して

$$\begin{pmatrix} 8 & 16 & 24 \\ 0 & 3 & 6 \\ 6 & 17 & 33 \end{pmatrix}$$

となる。次に，a_{13} を消去する。$\frac{a_{31}}{a_{11}} = \frac{6}{8} = \frac{3}{4}$ となるので，(3 行) − (1 行) × $\frac{3}{4}$ から

$$\begin{pmatrix} 8 & 16 & 24 \\ 0 & 3 & 6 \\ 0 & 5 & 15 \end{pmatrix}$$

となる。ここで，ピボット選択から 2, 3 行を交換する。

$$\begin{pmatrix} 8 & 16 & 24 \\ 0 & 5 & 15 \\ 0 & 3 & 6 \end{pmatrix}$$

さらに，a_{32} を消去する。$\frac{a_{32}}{a_{22}} = \frac{3}{5}$ より，(3 行) − (2 行) × $\frac{3}{5}$ を計算する。そうすると，その結果，U が得られる。

$$U = \begin{pmatrix} 8 & 16 & 24 \\ 0 & 5 & 15 \\ 0 & 0 & -3 \end{pmatrix}$$

次に，L を計算する。まず，単位行列 E を書く。

$$L = E = \begin{pmatrix} 1 & 0 & 0 \\ 0 & 1 & 0 \\ 0 & 0 & 1 \end{pmatrix}$$

他の要素は，U の計算時に消去された要素で用いられたピボット係数を同じ場所に書き込む。ただし，ピボット操作による行交換後の要素の消去を考慮する。まず，a_{21} の消去で用いられたピボット係数は $\frac{3}{4}$ であるので，$l_{21} = \frac{3}{4}$ とする。すなわち，

$$L = \begin{pmatrix} 1 & 0 & 0 \\ \frac{3}{4} & 1 & 0 \\ 0 & 0 & 1 \end{pmatrix}$$

2.2 LU 分解

となる。同様にして，a_{31} の消去のためのピボット係数は $\frac{1}{4}$，a_{32} の消去のためのピボット係数は $\frac{3}{5}$ であるので，最終的に L は次のようになる。

$$L = \begin{pmatrix} 1 & 0 & 0 \\ \frac{3}{4} & 1 & 0 \\ \frac{1}{4} & \frac{3}{5} & 1 \end{pmatrix}$$

最終的には，前進代入と後退代入により解は求められる。まず，前進代入より

$$L\boldsymbol{y} = \begin{pmatrix} 1 & 0 & 0 \\ \frac{3}{4} & 1 & 0 \\ \frac{1}{4} & \frac{3}{5} & 1 \end{pmatrix} \begin{pmatrix} x' \\ y' \\ z' \end{pmatrix} = \boldsymbol{b} = \begin{pmatrix} 112 \\ 139 \\ 52 \end{pmatrix}$$

となる。よって，次のようになる。

$$x' = 112$$
$$y' = 139 - \frac{3}{4}x' = 139 - 84 = 55$$
$$z' = 52 - \frac{1}{4}x' - \frac{3}{5}y' = 52 - 28 - 33 = -9$$

後退代入は，

$$U\boldsymbol{x} = \begin{pmatrix} 8 & 16 & 24 \\ 0 & 5 & 15 \\ 0 & 0 & -3 \end{pmatrix} \begin{pmatrix} x \\ y \\ z \end{pmatrix} = \boldsymbol{y} = \begin{pmatrix} 112 \\ 55 \\ -9 \end{pmatrix}$$

より次のように行われる。

$$z = \frac{-9}{-3} = 3$$
$$y = \frac{1}{5}(55 - 15z) = \frac{10}{5} = 2$$
$$x = \frac{1}{8}(112 - 24z - 16y) = \frac{1}{8}(112 - 72 - 32) = \frac{8}{8} = 1$$

次のプログラムは，Doolittle 法を用いた LU 分解による連立方程式解法プログラムである。基本的な処理は JAN201.java と同じであるが，指標の扱い方が異なるので注意されたい。なお，JAN202.java では，$\boldsymbol{y}$ とピボット操作後の A の単一領域における LU 分解 B_lu も表示されている。

第2章　連立方程式

```
 1: // 2.2    LU 分解 (2)
 2: import java.io.*;
 3: public class JAN202
 4: {
 5:     public static void main(String args[]) throws IOException
 6:     {
 7:         int n, cnt1, cnt2, ret;
 8:         String s;
 9:         InputStreamReader in = new InputStreamReader(System.in);
10:         BufferedReader br = new BufferedReader(in);
11:         System.out.println("LU 分解: Doolittle 法");
12:         System.out.println("何元 1 次方程式ですか？");
13:         s = br.readLine();
14:         n = Integer.valueOf(s).intValue();
15:         double [][] a = new double[n][n+1];
16:         System.out.println("拡大係数行列 [A: b] を入力して下さい。");
17:         for(cnt1 = 1; cnt1 < n+1; cnt1++)
18:         {
19:             for(cnt2 = 1; cnt2 < n+2; cnt2++)
20:             {
21:                 System.out.print(cnt1+"行"+cnt2+"列: ");
22:                 s = br.readLine();
23:                 a[cnt1-1][cnt2-1] = Double.valueOf(s).doubleValue();
24:             }
25:         }
26:         System.out.println("A = ");
27:         for(cnt1 = 0; cnt1 < n; cnt1++)
28:         {
29:             for(cnt2 = 0; cnt2 < n; cnt2++)
30:             {
31:                 System.out.print(a[cnt1][cnt2]+"\t");
32:             }
33:             System.out.print("\n");
34:         }
35:         ret = LU(n,a);
36:         if(ret != 1)
37:         {
38:             System.out.println("B_lu = ");
39:             for(cnt1 = 0; cnt1 < n; cnt1++)
```

2.2 LU 分解

```
40:            {
41:                for(cnt2 = 0; cnt2 < n; cnt2++)
42:                {
43:                    System.out.print(a[cnt1][cnt2]+"\t");
44:                }
45:                System.out.print("\n");
46:            }
47:            forward(n,a);
48:            System.out.println("Ly = b");
49:            for(cnt1 = 1; cnt1 < n+1; cnt1++)
50:            {
51:                System.out.println("y("+cnt1+") = "+a[cnt1-1][n]);
52:            }
53:            backward(n,a);
54:            System.out.println("Ux = y");
55:            for(cnt1 = 1; cnt1 < n+1; cnt1++)
56:            {
57:                System.out.println("x("+cnt1+") = "+a[cnt1-1][n]);
58:            }
59:        }
60:    }
61:    static int LU(int n, double a[][])
62:    { // LU 分解
63:      int cnt0, cnt1, cnt2, cnt3;
64:      double [][] l = new double[n][n];
65:      double [][] u = new double[n][n];
66:      double [][] b = new double[n][n];
67:      double d = 0.0;
68:      for(cnt1 = 0; cnt1 < n; cnt1++)
69:      {
70:       pivot(cnt1, n, a);
71:       if(a[cnt1][cnt1] == 0.0)
72:       {
73:           System.out.println("解なし");
74:           return(1);
75:       }
76:       for(cnt2 = cnt1+1; cnt2 < n; cnt2++)
77:       {
78:         for(cnt3 = cnt1+1; cnt3 < n; cnt3++)
79:         {
```

第2章 連立方程式

```
80:             a[cnt2][cnt3] -= a[cnt1][cnt3]*a[cnt2][cnt1]/a[cnt1][cnt1];
81:           }
82:         }
83:       }
84:       for(cnt1 = 0; cnt1 < n; cnt1++)
85:       {
86:         for(cnt2 = 0; cnt2 < n; cnt2++)
87:         {
88:           l[cnt1][cnt2] = 0.0;
89:         }
90:       }
91:       for(cnt1 = 0; cnt1 < n; cnt1++)
92:       {
93:         for(cnt2 = cnt1; cnt2 < n; cnt2++)
94:         {
95:           u[cnt1][cnt2] = a[cnt1][cnt2];
96:         }
97:       }
98:       for(cnt1 = 1; cnt1 < n; cnt1++)
99:       {
100:        for(cnt2 = 0; cnt2 < cnt1; cnt2++)
101:        {
102:          l[cnt1][cnt2] = a[cnt1][cnt2] / u[cnt2][cnt2];
103:          a[cnt1][cnt2] = l[cnt1][cnt2];
104:        }
105:      }
106:      for(cnt1 = 0; cnt1 < n; cnt1++)
107:      {
108:        for(cnt2 = 0; cnt2 < cnt1+1; cnt2++)
109:        {
110:          if(cnt1 == cnt2)
111:            l[cnt1][cnt2] = 1.0;
112:        }
113:      }
114:      System.out.println("L = ");
115:      for(cnt1 = 0; cnt1 < n; cnt1++)
116:      {
117:        for(cnt2 = 0; cnt2 < n; cnt2++)
118:        {
119:          System.out.print(l[cnt1][cnt2]+"\t");
```

2.2 LU 分解

```
120:            }
121:            System.out.print("\n");
122:        }
123:        System.out.println("U = ");
124:        for(cnt1 = 0; cnt1 < n; cnt1++)
125:        {
126:            for(cnt2 = 0; cnt2 < n; cnt2++)
127:            {
128:                System.out.print(u[cnt1][cnt2]+"\t");
129:            }
130:            System.out.print("\n");
131:        }
132:        System.out.println("B = LU = (ピボット操作後の A) = ");
133:        for(cnt1 = 0; cnt1 < n; cnt1++)
134:        {
135:            for(cnt2 = 0; cnt2 < n; cnt2++)
136:            {
137:                d = 0.0;
138:                for(cnt0 = 0; cnt0 < n; cnt0++)
139:                {
140:                    d = d + l[cnt1][cnt0] * u[cnt0][cnt2];
141:                    b[cnt1][cnt2] = d;
142:                }
143:            }
144:        }
145:        for(cnt1 = 0; cnt1 < n; cnt1++)
146:        {
147:            for(cnt2 = 0; cnt2 < n; cnt2++)
148:            {
149:                System.out.print(b[cnt1][cnt2]+"\t");
150:            }
151:            System.out.print("\n");
152:        }
153:        return(0);
154:    }
155:    static void forward(int n, double a[][])
156:    { // 前進代入
157:        int cnt1, cnt2;
158:        for(cnt1 = 0; cnt1 < n; cnt1++)
159:        {
```

第2章 連立方程式

```
160:                for(cnt2 = 0; cnt2 < cnt1; cnt2++)
161:                {
162:                    a[cnt1][n] -= a[cnt2][n] * a[cnt1][cnt2];
163:                }
164:            }
165:        }
166:        static void backward(int n, double a[][])
167:        { // 後退代入
168:            int cnt1, cnt2;
169:            cnt1 = n-1;
170:            a[cnt1][n] = a[cnt1][n] / a[cnt1][cnt1];
171:            for(cnt1 = n-2; cnt1 >= 0; cnt1--)
172:            {
173:             for(cnt2 = cnt1+1; cnt2 < n; cnt2++)
174:             {
175:              a[cnt1][n] = (a[cnt1][n] - a[cnt2][n]*a[cnt1][cnt2]);
176:             }
177:             a[cnt1][n] = a[cnt1][n] / a[cnt1][cnt1];
178:            }
179:        }
180:        static void pivot(int cnt1, int n, double a[][])
181:        { // ピボット選択
182:            int cnt2, max_num;
183:            double max, temp;
184:            max = Math.abs(a[cnt1][cnt1]);
185:            max_num = cnt1;
186:            if(cnt1 != n-1)
187:            {
188:                for(cnt2 = cnt1+1; cnt2 < n; cnt2++)
189:                {
190:                    if(Math.abs(a[cnt2][cnt1]) > max)
191:                    {
192:                        max = Math.abs(a[cnt2][cnt1]);
193:                        max_num = cnt2;
194:                    }
195:                }
196:            }
197:            if(max_num != cnt1)
198:            {
199:                for(cnt2 = 0; cnt2 < n+1; cnt2++)
```

2.2 LU 分解

```
200:            {
201:                temp = a[cnt1][cnt2];
202:                a[cnt1][cnt2] = a[max_num][cnt2];
203:                a[max_num][cnt2] = temp;
204:            }
205:        }
206:    }
207: }
```

プログラム JAN202.java を実行すると，次のような結果が得られる．

```
LU 分解: Doolittle 法
何元 1 次方程式ですか？
3
拡大係数行列 [A: b] を入力して下さい．
1 行 1 列: 8
1 行 2 列: 16
1 行 3 列: 24
1 行 4 列: 112
2 行 1 列: 2
2 行 2 列: 7
2 行 3 列: 12
2 行 4 列: 52
3 行 1 列: 6
3 行 2 列: 17
3 行 3 列: 33
3 行 4 列: 139
A =
8.0     16.0    24.0
2.0     7.0     12.0
6.0     17.0    33.0
L =
1.0     0.0     0.0
0.75    1.0     0.0
0.25    0.6     1.0
U =
8.0     16.0    24.0
0.0     5.0     15.0
0.0     0.0     -3.0
B = LU = (ピボット操作後の A) =
```

33

第 2 章　連立方程式

```
        8.0        16.0       24.0
        6.0        17.0       33.0
        2.0         7.0       12.0
B_lu =
        8.0        16.0       24.0
        0.75        5.0       15.0
        0.25        0.6       -3.0
Ly = b
y(1) = 112.0
y(2) = 55.0
y(3) = -9.0
Ux = y
x(1) = 1.0
x(2) = 2.0
x(3) = 3.0
```

なお，LU 分解の乗除算の回数は約 $\frac{n^3}{3}$ 回であり，Gauss の消去法とほぼ同じ計算量となる．しかし，応用性を考えると，LU 分解の方が優れていると考えられる．

2.3　行列式

行列式 (determinant) は，正方行列を特徴付ける値である．正方行列 A の行列式は $|A|$ または $det(A)$ と書かれる．行列式を定義するためには，順列などの概念が必要となる．n 個の異なるもの $a_1, a_2, ..., a_n$ を任意の順に一列に並べたものを**順列** (permutation) と呼び，$(a_1, a_2, ..., a_n)$ で表すことにする．n 個のものについての順列は，$n! = n \times (n-1) \times ... \times 2 \times 1$ 個ある．また，順列 $(a_1, ..., a_n)$ の二つのもの a_i, a_j $(i \neq j)$ を入れ替えることを**互換**と言い，(a_i, a_j) と書く．

　$1, 2, ..., n$ の順列 $(p_1, ..., p_n)$ は，$(1, 2, ..., n)$ に何回かの互換を行い得られるが，偶数回の互換で得られる順列を**偶順列**，奇数回の互換で得られる順列を**奇順列**と言う．今，順列 $(p_1, ..., p_n)$ が $(1, 2, ..., n)$ に l 回の互換により得られ，

2.3 行列式

$$\epsilon(p_1,...,p_n) = (-1)^l$$

とすると，$(p_1,...,p_n)$ が偶順列ならば $\epsilon(p_1,p_2,...,p_n) = +1$，$(p_1,...,p_n)$ が奇順列ならば $\epsilon(p_1,...,p_n) = -1$ となる．以上の概念を用い，行列 A の行列式 $|A|$ は，次のように定義される．

$$|A| = \sum_{(1,2,...,n) \mapsto (p_1,p_2,...,p_n)} \epsilon(p_1,...,p_n) a_{1p_1} a_{2p_2} ... a_{np_n}$$

ここで，行列式は $n!$ 項の総和となっている．$n=2$ の場合，行列式は次のようになる．

$$\begin{vmatrix} a_{11} & a_{12} \\ a_{21} & a_{22} \end{vmatrix} = \epsilon(1,2)a_{11}a_{22} + \epsilon(2,1)a_{12}a_{21} = a_{11}a_{22} - a_{12}a_{21}$$

となる．また，$n=3$ の場合，順列 (p_1,p_2,p_3) は 6 個あり，$\epsilon(1,2,3) = \epsilon(2,3,1) = \epsilon(3,2,1) = 1$，$\epsilon(2,1,3) = \epsilon(3,2,1) = \epsilon(1,3,2) = -1$ となる．よって，行列式は，次のように計算される．

$$\begin{vmatrix} a_{11} & a_{12} & a_{13} \\ a_{21} & a_{22} & a_{23} \\ a_{31} & a_{32} & a_{33} \end{vmatrix} = \epsilon(1,2,3)a_{11}a_{22}a_{33} + \epsilon(2,1,3)a_{12}a_{21}a_{33}$$
$$+ \epsilon(2,3,1)a_{12}a_{23}a_{31} + \epsilon(3,2,1)a_{13}a_{22}a_{31}$$
$$+ \epsilon(3,1,2)a_{13}a_{21}a_{32} + \epsilon(1,3,2)a_{11}a_{23}a_{32}$$

$$= a_{11}a_{22}a_{33} - a_{12}a_{21}a_{33} + a_{12}a_{23}a_{31} - a_{13}a_{22}a_{31} + a_{13}a_{21}a_{32} - a_{11}a_{23}a_{32}$$

なお，$|A| \neq 0$ と A が正則であることは同値である．さて，行列式については次の性質が成り立つ (赤間 (2001) 参照)．

- 行と列を交換しても行列式の値は変わらない．
- 二つの行 (列) を交換すると，行列式の符号が変わる．
- 行列式の一つの行にある数を掛けて他の行に加えても行列式の値は変わらない．

第 2 章　連立方程式

- 二つの行列 A, B について，$|AB|=|A||B|$ が成り立つ．

また，三角行列の行列式の値は，対角要素を掛けた値となる．以上から，LU 分解および Gauss の消去法 (Gauss 2) で得られる上三角行列から容易に行列式の値を計算することができる．今，$n \times n$ 行列 A のピボット操作付き LU 分解により

$$B = LU$$

が成り立つとする．ただし，B は A の二つの行を m 回交換して得られるものとする．そうすると，

$$|A| = (-1)^m |B| = |L||U|$$

となる．よって，Crout 法では

$$|A| = (-1)^m l_{11} l_{22} \ldots l_{nn}$$

となる．また，Doolittle 法では

$$|A| = (-1)^m u_{11} u_{22} \ldots u_{nn}$$

となる．

上述の例題の係数行列

$$A = \begin{pmatrix} 8 & 16 & 24 \\ 2 & 7 & 12 \\ 6 & 17 & 33 \end{pmatrix}$$

の行列式の値は，次のように求めることができる．Doolittle 法の LU 分解により

$$B = \begin{pmatrix} 8 & 16 & 24 \\ 6 & 17 & 33 \\ 2 & 7 & 12 \end{pmatrix} = LU = \begin{pmatrix} 1 & 0 & 0 \\ \frac{3}{4} & 1 & 0 \\ \frac{1}{4} & \frac{3}{5} & 1 \end{pmatrix} \begin{pmatrix} 8 & 16 & 24 \\ 0 & 5 & 15 \\ 0 & 0 & -3 \end{pmatrix}$$

となるので，

2.3 行列式

$$|A| = (-1)\,|B| = (-1) \times 8 \times 5 \times (-3) = 120$$

となる．同様にして，Crout 法の LU 分解から行列式の値を計算することもできる．

次のプログラム JAN203.java は，Doolittle 法による行列式計算プログラムである．このプログラムでは，LU 分解の結果，行列式の値，ピボット操作による行交換回数も表示する．

```
 1: // 2.3   行列式
 2: import java.io.*;
 3: public class JAN203
 4: {
 5:     public static void main(String args[]) throws IOException
 6:     {
 7:         int n, cnt1, cnt2, ret;
 8:         String s;
 9:         InputStreamReader in = new InputStreamReader(System.in);
10:         BufferedReader br = new BufferedReader(in);
11:         System.out.println("行列式");
12:         System.out.println("何次行列ですか？");
13:         s = br.readLine();
14:         n = Integer.valueOf(s).intValue();
15:         double [][] a = new double[n][n];
16:         System.out.println("行列 A を入力して下さい．");
17:         for(cnt1 = 1; cnt1 < n+1; cnt1++)
18:         {
19:             for(cnt2 = 1; cnt2 < n+1; cnt2++)
20:             {
21:                 System.out.print(cnt1+"行"+cnt2+"列: ");
22:                 s = br.readLine();
23:                 a[cnt1-1][cnt2-1] = Double.valueOf(s).doubleValue();
24:             }
25:         }
26:         System.out.println("A = ");
27:         for(cnt1 = 0; cnt1 < n; cnt1++)
28:         {
29:             for(cnt2 = 0; cnt2 < n; cnt2++)
30:             {
31:                 System.out.print(a[cnt1][cnt2]+"\t");
```

第2章 連立方程式

```
32:            }
33:            System.out.print("¥n");
34:        }
35:        det(n, a);
36:    }
37:    static void det(int n, double a[][])
38:    { // LU分解
39:        int cnt0, cnt1, cnt2, cnt3, flg1 = 0;
40:        double [][] l = new double[n][n];
41:        double [][] u = new double[n][n];
42:        double [][] b = new double[n][n];
43:        double d = 0.0, det = 1.0;
44:        for(cnt1 = 0; cnt1 < n; cnt1++)
45:        {
46:         flg1 = flg1 + pivot(cnt1, n, a);
47:         System.out.println("行交換回数 = "+flg1);
48:         if(a[cnt1][cnt1] == 0.0)
49:         {
50:             System.out.println("det(A) = 0");
51:             return;
52:         }
53:         for(cnt2 = cnt1+1; cnt2 < n; cnt2++)
54:         {
55:          for(cnt3 = cnt1+1; cnt3 < n; cnt3++)
56:          {
57:           a[cnt2][cnt3] -= a[cnt1][cnt3] * a[cnt2][cnt1] / a[cnt1][cnt1];
58:          }
59:         }
60:        }
61:        for(cnt1 = 0; cnt1 < n; cnt1++)
62:        {
63:            for(cnt2 = 0; cnt2 < n; cnt2++)
64:            {
65:                l[cnt1][cnt2] = 0.0;
66:            }
67:        }
68:        for(cnt1 = 0; cnt1 < n; cnt1++)
69:        {
70:            for(cnt2 = cnt1; cnt2 < n; cnt2++)
```

2.3 行列式

```
 71:            {
 72:                u[cnt1][cnt2] = a[cnt1][cnt2];
 73:            }
 74:        }
 75:        for(cnt1 = 1; cnt1 < n; cnt1++)
 76:        {
 77:            for(cnt2 = 0; cnt2 < cnt1; cnt2++)
 78:            {
 79:                l[cnt1][cnt2] = a[cnt1][cnt2] / u[cnt2][cnt2];
 80:                a[cnt1][cnt2] = l[cnt1][cnt2];
 81:            }
 82:        }
 83:        for(cnt1 = 0; cnt1 < n; cnt1++)
 84:        {
 85:            for(cnt2 = 0; cnt2 < cnt1+1; cnt2++)
 86:            {
 87:                if(cnt1 == cnt2)
 88:                    l[cnt1][cnt2] = 1.0;
 89:            }
 90:        }
 91:        System.out.println("L = ");
 92:        for(cnt1 = 0; cnt1 < n; cnt1++)
 93:        {
 94:            for(cnt2 = 0; cnt2 < n; cnt2++)
 95:            {
 96:                System.out.print(l[cnt1][cnt2]+"\t");
 97:            }
 98:            System.out.print("\n");
 99:        }
100:        System.out.println("U = ");
101:        for(cnt1 = 0; cnt1 < n; cnt1++)
102:        {
103:            for(cnt2 = 0; cnt2 < n; cnt2++)
104:            {
105:                System.out.print(u[cnt1][cnt2]+"\t");
106:            }
107:            System.out.print("\n");
108:        }
109:        System.out.println("B = LU = (ピボット操作後の A) = ");
110:        for(cnt1 = 0; cnt1 < n; cnt1++)
```

第2章 連立方程式

```
111:    {
112:            for(cnt2 = 0; cnt2 < n; cnt2++)
113:            {
114:                d = 0.0;
115:                for(cnt0 = 0; cnt0 < n; cnt0++)
116:                {
117:                    d = d + l[cnt1][cnt0] * u[cnt0][cnt2];
118:                    b[cnt1][cnt2] = d;
119:                }
120:            }
121:        }
122:        for(cnt1 = 0; cnt1 < n; cnt1++)
123:        {
124:            for(cnt2 = 0; cnt2 < n; cnt2++)
125:            {
126:                System.out.print(b[cnt1][cnt2]+"\t");
127:            }
128:            System.out.print("\n");
129:        }
130:        for(cnt1 = 0; cnt1 < n; cnt1++)
131:        {
132:            det = det * a[cnt1][cnt1];
133:        }
134:        if(flg1 % 2 == 1)
135:        {
136:            System.out.println("det = "+(-det));
137:        }
138:        else
139:        {
140:            System.out.println("det = "+det);
141:        }
142:        return;
143:    }
144:    static int pivot(int cnt1, int n, double a[][])
145:    { // ピボット選択
146:        int cnt2, max_num;
147:        int flg = 0;
148:        double max, temp;
149:        max = Math.abs(a[cnt1][cnt1]);
150:        max_num = cnt1;
```

2.3 行列式

```
151:        if(cnt1 != n-1)
152:        {
153:            for(cnt2 = cnt1+1; cnt2 < n; cnt2++)
154:            {
155:                if(Math.abs(a[cnt2][cnt1]) > max)
156:                {
157:                    max = Math.abs(a[cnt2][cnt1]);
158:                    max_num = cnt2;
159:                }
160:            }
161:        }
162:        if(max_num != cnt1)
163:        {
164:            for(cnt2 = 0; cnt2 < n; cnt2++)
165:            {
166:                temp = a[cnt1][cnt2];
167:                a[cnt1][cnt2] = a[max_num][cnt2];
168:                a[max_num][cnt2] = temp;
169:            }
170:            flg++;
171:        }
172:        return(flg);
173:    }
174: }
```

　行列式の値の計算は，37-143 行で定義されているメソッド det で行われる。LU 分解の結果の上三角行列の対角要素の値が乗じられ，134-141 行で行交換回数が奇数であれば符号を変える処理が行われている。ピボット操作のメソッドは，144-173 行で定義されるが，flg により行交換回数がチェックされている。プログラムを実行すると，次のような結果が得られる。

```
行列式
何次行列ですか？
3
行列 A を入力して下さい。
1 行 1 列: 8
1 行 2 列: 16
1 行 3 列: 24
```

第 2 章　連立方程式

```
2 行 1 列: 2
2 行 2 列: 7
2 行 3 列: 12
3 行 1 列: 6
3 行 2 列: 17
3 行 3 列: 33
A =
8.0      16.0     24.0
2.0      7.0      12.0
6.0      17.0     33.0
行交換回数 = 0
行交換回数 = 1
行交換回数 = 1
L =
1.0      0.0      0.0
0.75     1.0      0.0
0.25     0.6      1.0
U =
8.0      16.0     24.0
0.0      5.0      15.0
0.0      0.0      -3.0
B = LU = (ピボット操作後の A) =
8.0      16.0     24.0
6.0      17.0     33.0
2.0      7.0      12.0
det = 120.0
```

なお，一般の LU 分解による $A = LU$ の行列式の値は

$$|A|=|L||U|$$

となる．よって，プログラム JAN203.java の行列式計算は特別な場合となる．

2.4　逆行列

逆行列 (inverse matrix) の計算は，線形代数では非常に重要である．理論上，A の逆行列 A^{-1} は

2.4 逆行列

$$A^{-1} = \frac{\text{adj } A}{|A|}$$

と定義される．ここで，adj A は余因子行列と呼ばれ，A の i 行 j 列を除いた行列式に $(-1)^{i+j}$ を掛けて得られる余因子 A_{ij} を要素とする行列を転置したものである (赤間 (2001) 参照)．また，A が正則でなければ逆行列は存在しない．しかし，この定義からの逆行列の計算は実用的ではない．また，Gauss の消去法による連立方程式の解法からの逆行列の計算も考えられるが，これも効率的ではない．

数値計算では，いわゆる**掃出し法** (sweep method) を利用した逆行列計算が知られており，そのようなプログラムは赤間 (1999) でも紹介されている[2]．掃出し法は，Gauss の消去法の変種であり，前進消去により係数行列を対角行列に変形する解法である．よって，$[A:E]$ を掃出し法により $[E:A^{-1}]$ に変形することにより，逆行列を計算することができる．すなわち，掃出し法による連立方程式解法の応用と考えられる．

LU 分解は，逆行列の計算にも適用可能であり，L,U の再計算が必要ないため，一般の消去法よりも容易に逆行列を求めることができる．すなわち，$n \times n$ 行列 A, X について

$$AX = E$$

と置く．A, X にピボット操作を適用したものをそれぞれ $B = LU, X'$ とすると，

$$BX' = L(UX) = E$$

となる．そうすると，前進代入により

$$LY = E$$

から Y が求められる．そして，後退代入により

$$UX' = Y$$

---

[2] なお，掃出し法は Gauss-Jordan 法とも呼ばれる．

第 2 章 連立方程式

から X' が求められる。そして，最終的に適当な行変換から $X = A^{-1}$ を求めることができる。

では，次の行列 A の逆行列 A^{-1} を Doolittle 法の LU 分解により求めてみよう。

$$A = \begin{pmatrix} 2 & -1 & 0 \\ -1 & 2 & -1 \\ 0 & -1 & 2 \end{pmatrix}$$

まず，A を LU 分解する。

$$U = A = \begin{pmatrix} 2 & -1 & 0 \\ -1 & 2 & -1 \\ 0 & -1 & 2 \end{pmatrix}, L = E = \begin{pmatrix} 1 & 0 & 0 \\ 0 & 1 & 0 \\ 0 & 0 & 1 \end{pmatrix}$$

から，LU 分解は以下のように計算される。u_{21} を消去すると，次のようになる。

$$\begin{pmatrix} 2 & -1 & 0 \\ 0 & \frac{3}{2} & -1 \\ 0 & -1 & 2 \end{pmatrix}, \begin{pmatrix} 1 & 0 & 0 \\ -\frac{1}{2} & 1 & 0 \\ 0 & 0 & 1 \end{pmatrix}$$

u_{31} は 0 であるので，u_{32} を消去すると，次のようになる。

$$\begin{pmatrix} 2 & -1 & 0 \\ 0 & \frac{3}{2} & -1 \\ 0 & 0 & \frac{4}{3} \end{pmatrix}, \begin{pmatrix} 1 & 0 & 0 \\ -\frac{1}{2} & 1 & 0 \\ 0 & -\frac{2}{3} & 1 \end{pmatrix}$$

よって，A の LU 分解は

$$A = LU = \begin{pmatrix} 1 & 0 & 0 \\ -\frac{1}{2} & 1 & 0 \\ 0 & -\frac{2}{3} & 1 \end{pmatrix} \begin{pmatrix} 2 & -1 & 0 \\ 0 & \frac{3}{2} & -1 \\ 0 & 0 & \frac{4}{3} \end{pmatrix}$$

となる。今，$X = [\boldsymbol{x}_1, \boldsymbol{x}_2, \boldsymbol{x}_3], Y = [\boldsymbol{y}_1, \boldsymbol{y}_2, \boldsymbol{y}_3]$ とすると，前進代入と後退代入から X を計算することができる。

まず，

$$L\boldsymbol{y}_1 = \begin{pmatrix} 1 & 0 & 0 \\ -\frac{1}{2} & 1 & 0 \\ 0 & -\frac{2}{3} & 1 \end{pmatrix} \begin{pmatrix} y_{11} \\ y_{21} \\ y_{31} \end{pmatrix} = \begin{pmatrix} 1 \\ 0 \\ 0 \end{pmatrix}$$

から前進代入より

$$y_{11} = 1$$
$$y_{21} = 0 + \frac{1}{2}y_{11} = \frac{1}{2}$$
$$y_{31} = 0 + \frac{2}{3}y_{21} = \frac{1}{3}$$

となる。次に，

$$U\boldsymbol{x}_1 = \begin{pmatrix} 2 & -1 & 0 \\ 0 & \frac{3}{2} & -1 \\ 0 & 0 & \frac{4}{3} \end{pmatrix} \begin{pmatrix} x_{11} \\ x_{21} \\ x_{31} \end{pmatrix} = \begin{pmatrix} 1 \\ \frac{1}{2} \\ \frac{1}{3} \end{pmatrix}$$

から後退代入を行うと，次のようになる。

$$x_{31} = \frac{1}{3}\frac{3}{4} = \frac{1}{4}$$
$$x_{21} = \frac{2}{3}\left(\frac{1}{2} + x_{31}\right) = \frac{2}{3}\left(\frac{1}{4} + \frac{1}{4}\right) = \frac{1}{2}$$
$$x_{11} = \frac{1}{2}(1 + x_{21}) = \frac{1}{2}\frac{3}{2} = \frac{3}{4}$$

次に，

$$L\boldsymbol{y}_2 = \begin{pmatrix} 1 & 0 & 0 \\ -\frac{1}{2} & 1 & 0 \\ 0 & -\frac{2}{3} & 1 \end{pmatrix} \begin{pmatrix} y_{12} \\ y_{22} \\ y_{32} \end{pmatrix} = \begin{pmatrix} 0 \\ 1 \\ 0 \end{pmatrix}$$

から前進代入より

$$y_{12} = 0$$
$$y_{22} = 1 + \frac{1}{2}y_{12} = 1$$
$$y_{32} = \frac{2}{3}y_{22} = \frac{2}{3}$$

となる。次に，

$$U\boldsymbol{x}_2 = \begin{pmatrix} 2 & -1 & 0 \\ 0 & \frac{3}{2} & -1 \\ 0 & 0 & \frac{4}{3} \end{pmatrix} \begin{pmatrix} x_{12} \\ x_{22} \\ x_{32} \end{pmatrix} = \begin{pmatrix} 0 \\ 1 \\ \frac{2}{3} \end{pmatrix}$$

第 2 章 連立方程式

から後退代入を行うと，次のようになる。

$$x_{32} = \frac{2}{3}\frac{3}{4} = \frac{1}{2}$$
$$x_{22} = \frac{2}{3}(1+x_{32}) = \frac{2}{3}\left(1+\frac{1}{2}\right) = 1$$
$$x_{12} = \frac{1}{2}x_{22} = \frac{1}{2}$$

最後に，

$$L\boldsymbol{y}_2 = \begin{pmatrix} 1 & 0 & 0 \\ -\frac{1}{2} & 1 & 0 \\ 0 & -\frac{2}{3} & 1 \end{pmatrix} \begin{pmatrix} y_{13} \\ y_{23} \\ y_{33} \end{pmatrix} = \begin{pmatrix} 0 \\ 0 \\ 1 \end{pmatrix}$$

から前進代入より

$$y_{13} = 0$$
$$y_{23} = \frac{2}{3}y_{13} = 0$$
$$y_{33} = 1 + \frac{2}{3}y_{23} = 1$$

となる。次に，

$$U\boldsymbol{x}_2 = \begin{pmatrix} 2 & -1 & 0 \\ 0 & \frac{3}{2} & -1 \\ 0 & 0 & \frac{4}{3} \end{pmatrix} \begin{pmatrix} x_{13} \\ x_{23} \\ x_{33} \end{pmatrix} = \begin{pmatrix} 0 \\ 0 \\ 1 \end{pmatrix}$$

から後退代入を行うと，次のようになる。

$$x_{33} = \frac{3}{4}$$
$$x_{23} = \frac{2}{3}(1+x_{33}) = \frac{2}{3}\frac{3}{4} = \frac{1}{2}$$
$$x_{13} = \frac{1}{2}x_{23} = \frac{1}{2}\frac{1}{2} = \frac{1}{4}$$

以上から，A の逆行列 A^{-1} は

$$A^{-1} = \frac{1}{4}\begin{pmatrix} 3 & 2 & 1 \\ 2 & 4 & 2 \\ 1 & 2 & 3 \end{pmatrix}$$

2.4 逆行列

となる。

次のプログラムは，分解を応用した逆行列計算プログラムである。なお，このプログラムでは逆行列の他に LU 分解，Y も表示するようになっている。

```
 1: // 2.4   逆行列
 2: import java.io.*;
 3: public class JAN204
 4: {
 5:     public static void main(String args[]) throws IOException
 6:     {
 7:         int n, cnt1, cnt2, ret;
 8:         String s;
 9:         InputStreamReader in = new InputStreamReader(System.in);
10:         BufferedReader br = new BufferedReader(in);
11:         System.out.println("LU 分解による逆行列");
12:         System.out.println("何次行列ですか？");
13:         s = br.readLine();
14:         n = Integer.valueOf(s).intValue();
15:         double [][] a = new double[n][2*n];
16:         System.out.println("行列 A を入力して下さい。");
17:         for(cnt1 = 1; cnt1 < n+1; cnt1++)
18:         {
19:             for(cnt2 = 1; cnt2 < n+1; cnt2++)
20:             {
21:                 System.out.print(cnt1+"行"+cnt2+"列: ");
22:                 s = br.readLine();
23:                 a[cnt1-1][cnt2-1] = Double.valueOf(s).doubleValue();
24:             }
25:         }
26:         for(cnt1 = 1; cnt1 < n+1; cnt1++)
27:         { // 単位行列の設定
28:             for(cnt2 = n+1; cnt2 < 2*n+1; cnt2++)
29:             {
30:                 if(cnt1 + n == cnt2)
31:                     a[cnt1-1][cnt2-1] = 1.0;
32:                 else
33:                     a[cnt1-1][cnt2-1] = 0.0;
34:             }
35:         }
36:         System.out.println("A = ");
```

第2章 連立方程式

```
37:        for(cnt1 = 0; cnt1 < n; cnt1++)
38:        {
39:            for(cnt2 = 0; cnt2 < n; cnt2++)
40:            {
41:                System.out.print(a[cnt1][cnt2]+"\t");
42:            }
43:            System.out.print("\n");
44:        }
45:        System.out.println("E = ");
46:        for(cnt1 = 0; cnt1 < n; cnt1++)
47:        {
48:            for(cnt2 = n; cnt2 < 2*n; cnt2++)
49:            {
50:                System.out.print(a[cnt1][cnt2]+"\t");
51:            }
52:            System.out.print("\n");
53:        }
54:        ret = LU(n,a);
55:        if(ret != 1)
56:        {
57:            System.out.println("B_lu = ");
58:            for(cnt1 = 0; cnt1 < n; cnt1++)
59:            {
60:                for(cnt2 = 0; cnt2 < n; cnt2++)
61:                {
62:                    System.out.print(a[cnt1][cnt2]+"\t");
63:                }
64:                System.out.print("\n");
65:            }
66:            forward(n,a);
67:            System.out.println("Y = ");
68:            for(cnt1 = 1; cnt1 < n+1; cnt1++)
69:            {
70:                for(cnt2 = n+1; cnt2 < 2*n+1; cnt2++)
71:                {
72:                    System.out.print(a[cnt1-1][cnt2-1]+"\t");
73:                }
74:                System.out.print("\n");
75:            }
76:            backward(n,a);
```

2.4 逆行列

```
77:             System.out.println("inv(A) = ");
78:             for(cnt1 = 1; cnt1 < n+1; cnt1++)
79:             {
80:                for(cnt2 = n+1; cnt2 < 2*n+1; cnt2++)
81:                {
82:                   System.out.print(a[cnt1-1][cnt2-1]+"\t");
83:                }
84:                System.out.print("\n");
85:             }
86:          }
87:       }
88:       static int LU(int n, double a[][])
89:       { // LU分解
90:          int cnt0, cnt1, cnt2, cnt3;
91:          double [][] l = new double[n][n];
92:          double [][] u = new double[n][n];
93:          double [][] b = new double[n][2*n];
94:          double d = 0.0;
95:          for(cnt1 = 0; cnt1 < n; cnt1++)
96:          {
97:           pivot(cnt1, n, a);
98:           if(a[cnt1][cnt1] == 0.0)
99:             {
100:             System.out.println("逆行列は存在しません。");
101:             return(1);
102:           }
103:           for(cnt2 = cnt1+1; cnt2 < n; cnt2++)
104:           {
105:             for(cnt3 = cnt1+1; cnt3 < n; cnt3++)
106:             {
107:                a[cnt2][cnt3] -= a[cnt1][cnt3]*a[cnt2][cnt1] / a[cnt1][cnt1];
108:             }
109:          }
110:       }
111:       for(cnt1 = 0; cnt1 < n; cnt1++)
112:       {
113:          for(cnt2 = 0; cnt2 < n; cnt2++)
114:          {
115:             l[cnt1][cnt2] = 0.0;
```

第2章 連立方程式

```
116:            }
117:        }
118:        for(cnt1 = 0; cnt1 < n; cnt1++)
119:        {
120:            for(cnt2 = cnt1; cnt2 < n; cnt2++)
121:            {
122:                u[cnt1][cnt2] = a[cnt1][cnt2];
123:            }
124:        }
125:        for(cnt1 = 1; cnt1 < n; cnt1++)
126:        {
127:            for(cnt2 = 0; cnt2 < cnt1; cnt2++)
128:            {
129:                l[cnt1][cnt2] = a[cnt1][cnt2] / u[cnt2][cnt2];
130:                a[cnt1][cnt2] = l[cnt1][cnt2];
131:            }
132:        }
133:        for(cnt1 = 0; cnt1 < n; cnt1++)
134:        {
135:            for(cnt2 = 0; cnt2 < cnt1+1; cnt2++)
136:            {
137:               if(cnt1 == cnt2)
138:                    l[cnt1][cnt2] = 1.0;
139:            }
140:        }
141:        System.out.println("L = ");
142:        for(cnt1 = 0; cnt1 < n; cnt1++)
143:        {
144:            for(cnt2 = 0; cnt2 < n; cnt2++)
145:            {
146:                System.out.print(l[cnt1][cnt2]+"\t");
147:            }
148:            System.out.print("\n");
149:        }
150:        System.out.println("U = ");
151:        for(cnt1 = 0; cnt1 < n; cnt1++)
152:        {
153:            for(cnt2 = 0; cnt2 < n; cnt2++)
154:            {
155:                System.out.print(u[cnt1][cnt2]+"\t");
```

2.4 逆行列

```
156:        }
157:        System.out.print("\n");
158:    }
159:    System.out.println("[B: E'] = [LU: E'] = ピボット操作
後の [A: E] = ");
160:    for(cnt1 = 0; cnt1 < n; cnt1++)
161:    {
162:        for(cnt2 = 0; cnt2 < n; cnt2++)
163:        {
164:            d = 0.0;
165:            for(cnt0 = 0; cnt0 < n; cnt0++)
166:            {
167:                d = d + l[cnt1][cnt0] * u[cnt0][cnt2];
168:                b[cnt1][cnt2] = d;
169:            }
170:        }
171:        for(cnt2 = n; cnt2 < 2*n; cnt2++)
172:        {
173:            b[cnt1][cnt2] = a[cnt1][cnt2];
174:        }
175:    }
176:    for(cnt1 = 0; cnt1 < n; cnt1++)
177:    {
178:        for(cnt2 = 0; cnt2 < 2*n; cnt2++) //
179:        {
180:            System.out.print(b[cnt1][cnt2]+"\t");
181:        }
182:        System.out.print("\n");
183:    }
184:    return(0);
185: }
186: static void forward(int n, double a[][])
187: { // 前進代入
188:    int cnt1, cnt2;
189:    for(cnt1 = 0; cnt1 < n; cnt1++)
190:    {
191:        for(cnt2 = 0; cnt2 < cnt1; cnt2++)
192:        {
193:            for(int m = n; m < 2*n; m++) //
194:                a[cnt1][m] -= a[cnt2][m] * a[cnt1][cnt2];
```

第2章　連立方程式

```
195:            }
196:          }
197:        }
198:        static void backward(int n, double a[][])
199:        { // 後退代入
200:            int cnt1, cnt2;
201:            int k;
202:            for(cnt1 = 0; cnt1 < n; cnt1++)
203:            {
204:                for(cnt2 = 0; cnt2 < cnt1; cnt2++)
205:                {
206:                    a[cnt1][cnt2] = 0.0;
207:                }
208:            }
209:            k = n;
210:            while(k < 2*n)
211:            {
212:             cnt1 = n-1;
213:             a[cnt1][k] = a[cnt1][k] / a[cnt1][cnt1];
214:             for(cnt1 = n-2; cnt1 >= 0; cnt1--)
215:             {
216:               for(cnt2 = cnt1+1; cnt2 < n; cnt2++)
217:               {
218:                a[cnt1][k] = (a[cnt1][k]-a[cnt2][k]*a[cnt1][cnt2]);
219:               }
220:               a[cnt1][k] = a[cnt1][k] / a[cnt1][cnt1];
221:             }
222:             k++;
223:            }
224:        }
225:        static void pivot(int cnt1, int n, double a[][])
226:        { // ピボット選択
227:            int cnt2, max_num;
228:            double max, temp;
229:            max = Math.abs(a[cnt1][cnt1]);
230:            max_num = cnt1;
231:            if(cnt1 != n-1)
232:            {
233:                for(cnt2 = cnt1+1; cnt2 < n; cnt2++)
244:                {
```

2.4 逆行列

```
245:             if(Math.abs(a[cnt2][cnt1]) > max)
246:             {
247:                 max = Math.abs(a[cnt2][cnt1]);
248:                 max_num = cnt2;
249:             }
250:         }
251:     }
252:     if(max_num != cnt1)
253:     {
254:         for(cnt2 = 0; cnt2 < 2*n; cnt2++) //
255:         {
256:             temp = a[cnt1][cnt2];
257:             a[cnt1][cnt2] = a[max_num][cnt2];
258:             a[max_num][cnt2] = temp;
259:         }
260:     }
261: }
262: }
```

17-35 行で配列 a に係数行列と単位行列が格納され，LU 分解を行う．また，225-261 で定義されている pivot によるピボット操作も係数行列と単位行列の両方に適用する必要がある．その後，forward による前進消去と backward による後退代入により逆行列が計算される．なお，65-75 行で Y が表示されている．基本的な処理の流れは前述のプログラムと同じであるが，配列の指標の扱いが大幅に異なるので注意されたい．プログラム JAN204.java を実行すると，次のような結果が得られる．

```
LU 分解による逆行列
何次行列ですか？
3
行列 A を入力して下さい．
1行1列: 2
1行2列: -1
1行3列: 0
2行1列: -1
2行2列: 2
2行3列: -1
3行1列: 0
```

53

第2章 連立方程式

```
3行2列: -1
3行3列: 2
A =
2.0         -1.0        0.0
-1.0        2.0         -1.0
0.0         -1.0        2.0
E =
1.0         0.0         0.0
0.0         1.0         0.0
0.0         0.0         1.0
L =
1.0         0.0         0.0
-0.5        1.0         0.0
0.0         -0.6666666666666666      1.0
U =
2.0         -1.0        0.0
0.0         1.5         -1.0
0.0         0.0         1.3333333333333335
[B: E'] = [LU: E'] = ピボット操作後の [A: E] =
2.0     -1.0    0.0     1.0     0.0     0.0
-1.0    2.0     -1.0    0.0     1.0     0.0
0.0     -1.0    2.0     0.0     0.0     1.0
B_lu =
2.0         -1.0        0.0
-0.5        1.5         -1.0
0.0         -0.6666666666666666      1.3333333333333335
Y =
1.0         0.0         0.0
0.5         1.0         0.0
0.3333333333333333       0.6666666666666666      1.0
inv(A) =
0.75        0.5         0.24999999999999997
0.5         1.0         0.49999999999999994
0.24999999999999997      0.49999999999999994     0.7499999999999999
```

別の逆行列計算として,

$$A^{-1} = (LU)^{-1} = U^{-1}L^{-1}$$

2.4 逆行列

を利用する方法もある．すなわち，U^{-1} と L^{-1} を別々に計算して掛け合わせれば A^{-1} が求められる．

以上のように，LU 分解は連立方程式とその関連概念の解法に非常に有効である．なお，連立方程式の係数行列 A が対称な場合，$A = LL^t$ を満足する下三角行列 L の形の Cholesky (コレスキー) 分解が可能であり，その計算量は LU 分解の約半分となる．詳細については，森 (1984) などを参照されたい．

第3章 行列の固有値

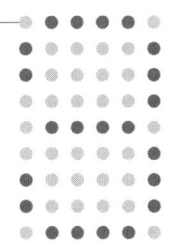

3.1 固有値問題

行列の**固有値** (eigenvalue) と**固有ベクトル** (eigenvector) を求める問題は，**固有値問題** (eigenvalue problem) と呼ばれる．固有値は，数学だけではなく物理学や工学などでも利用されており，固有値問題の数値計算は非常に重要である．

今，A を $n \times n$ 行列，$x \in C^n$ をベクトル ($x \neq 0$)，$\lambda \in C$ をスカラーとする (C は複素数の集合)．その時，

$$Ax = \lambda x$$

を満足するならば，λ を A の固有値，x を固有値 λ に属する**固有ベクトル** (eigenvector) と言う．また，固有値に属する固有ベクトル全体にゼロベクトル 0 を加えた空間を**固有空間** (eigenvalue space) と言う．なお，固有値は 0 である場合もあるが，固有ベクトルはゼロベクトルであってはならない．また，固有値は複素数になる場合もある．

たとえば，

$$A = \begin{pmatrix} 1 & 8 \\ 2 & 1 \end{pmatrix}, \ x = \begin{pmatrix} 2 \\ 1 \end{pmatrix}, \ y = \begin{pmatrix} -2 \\ 1 \end{pmatrix}$$

とすると，A の固有値と固有ベクトルは，以下のように求めることができる．

正方行列 A について次の多項式

$$\phi(\lambda) = |\lambda I - A|$$

を定義する．これは，**固有多項式** (characteristic polynomial) と呼ばれる．また，$\phi(\lambda) = 0$ は，A の**固有方程式** (characteristic equation) と呼ばれる．固有

第 3 章　行列の固有値

方程式の根は，固有値となっている．また，固有方程式の根は，複素数の場合もある．

まず，固有方程式 $\phi(\lambda) = 0$ は，次のようになる．

$$\phi(\lambda) = |\lambda I - A| = \begin{vmatrix} \lambda - 1 & -8 \\ -2 & \lambda - 1 \end{vmatrix} = (\lambda - 1)^2 - 16$$

$$= (\lambda - 5)(\lambda + 3) = 0$$

よって，固有値 λ は $5, -3$ となる．

次に，固有ベクトルを求める．固有方程式の定義より

$$(\lambda I - A)\boldsymbol{x} = \boldsymbol{0}$$

となる．すなわち，

$$\lambda I - A = \begin{pmatrix} \lambda - 1 & -8 \\ -2 & \lambda - 1 \end{pmatrix}$$

となる．よって，固有方程式は次の同次連立方程式と同じことになる．

$$(\lambda - 1)x_1 - 8x_2 = 0$$
$$-2x_1 + (\lambda - 1)x_2 = 0$$

この同次方程式の 0 でない解が固有ベクトルの要素となる．まず，固有値 5 に属する固有ベクトルを $\boldsymbol{x}$ とすると，$A\boldsymbol{x} = 5\boldsymbol{x}$ となる．これより，

$$(5I - A)\boldsymbol{x} = \begin{pmatrix} 4 & -8 \\ -2 & 4 \end{pmatrix} \begin{pmatrix} x_1 \\ x_2 \end{pmatrix} = \begin{pmatrix} 0 \\ 0 \end{pmatrix}$$

となる．すなわち，$x_1 - 2x_2 = 0$ の解が

$$\boldsymbol{x} = \begin{pmatrix} x_1 \\ x_2 \end{pmatrix}$$

となる．ここで，0 でない解は

$$x_1 = 2c_1, \ x_2 = c_1$$

である．ただし，c_1 は 0 でない任意の数とする．したがって，固有値 5 に属する固有ベクトル $\boldsymbol{x}$ は

$$x = \begin{pmatrix} x_1 \\ x_2 \end{pmatrix} = \begin{pmatrix} 2c_1 \\ c_1 \end{pmatrix} = c_1 \begin{pmatrix} 2 \\ 1 \end{pmatrix}$$

となる。

次に，固有値 -3 に属する固有ベクトルを y とすると，$Ay = -3y$ となる。これより，

$$(-3I - A)y = \begin{pmatrix} -4 & -8 \\ -2 & -4 \end{pmatrix} \begin{pmatrix} y_1 \\ y_2 \end{pmatrix} = \begin{pmatrix} 0 \\ 0 \end{pmatrix}$$

となる。すなわち，$-6y_1 - 12y_2 = 0$ の解が

$$y = \begin{pmatrix} y_1 \\ y_2 \end{pmatrix}$$

となる。ここで，0 でない解は

$$y_1 = -2c_2, \ y_2 = c_2$$

である。ただし，c_2 は 0 でない任意の数とする。したがって，固有値 10 に属する固有ベクトル y は

$$y = \begin{pmatrix} y_1 \\ y_2 \end{pmatrix} = \begin{pmatrix} -2c_2 \\ c_2 \end{pmatrix} = c_2 \begin{pmatrix} -2 \\ 1 \end{pmatrix}$$

となる。なお，数値計算では固有値を求める場合，特性方程式を用いた方法を用いない。なぜならば，計算量が多いのと，特性方程式を解く際に誤差が生じるからである。また，数値計算では，固有値のみを求める方法，および固有値と固有ベクトルの両方を求める方法が知られている。次節以降では，実数固有値計算に限って説明する。

3.2 べき乗法

べき乗法 (power method) は，行列 A の絶対値が最大である固有値 λ を求める方法である。今，実数を要素とする $n \times n$ 行列 A の固有値 λ_i が条件 $|\lambda_1| > |\lambda_2| > ... > |\lambda_n| > 0$ を満足すると仮定する。そうすると，A の固有多項

第3章 行列の固有値

式の係数はすべて実数となるので，A の固有値 λ が複素数ならば，その共役複素数 $\bar{\lambda}$ も固有値となる。したがって，λ_1 に対応する固有ベクトルは実数ベクトルとなる。べき乗法は，この性質を利用したものである。

べき乗法のアルゴリズム: PM

(PM1)　　適当に選択した出発ベクトルを x_0 とする。

(PM2)　　$i = 0, 1, ..$ について次の計算を行う。

(1)　　$y_i = \dfrac{1}{l^{(i)}} x_i$ （ここで，$l^{(i)}$ は x_i の絶対値最大の要素）

(2)　　$x_{i+1} = A y_i$

(3)　　$r^{(i+1)} = \dfrac{(y_i, x_{i+1})}{(y_i, y_i)}$

ただし，(y_i, y_i) は y_i, y_i の**内積** (inner product) を表す。また，(PM2-2) の式は，**Rayleigh (レイリー) 商** (Rayleigh quotient) と言われる。この反復が収束した時，

$l^{(i)} \to \lambda_1$

$r^{(i+1)} \to \lambda_1$

$y_1 \to$ (λ_1 に対応する固有ベクトル)

となる。

アルゴリズム **PM** を具体的に検証すると，まず，

$y_0 = \dfrac{1}{l^{(0)}} x_0$

$y_1 = \dfrac{1}{l^{(1)}} x_1 = \dfrac{1}{l^{(1)}} A y_0 = \dfrac{1}{l^{(0)} l^{(1)}} A x_0$

$y_2 = \dfrac{1}{l^{(2)}} x_2 = \dfrac{1}{l^{(2)}} A y_1 = \dfrac{1}{l^{(0)} l^{(1)} l^{(2)}} A^2 x_0$

...

$y_i = \dfrac{1}{l^{(0)} l^{(1)} ... l^{(i)}} A^i x_0$

となる。ここで，固有ベクトル $v_1, v_2, ..., v_n$ は基底となっているので，

3.2 べき乗法

$$x_0 = c_1 v_1 + c_2 v_2 + ... + c_n v_n$$

が成り立つ。よって, $c_1 \neq 0$ ならば,

$$\begin{aligned} y_i &= \frac{1}{l^{(0)}l^{(1)}...l^{(i)}} A^i (c_1 v_1 + c_2 v_2 + ... + c_n v_n) \\ &= \frac{c_1}{l^{(0)}l^{(1)}...l^{(i)}} \left(\lambda_1^i + \frac{c_2}{c_1} \lambda_2^i v_2 + ... + \frac{c_n}{c_1} \lambda_n v_n \right) \\ &= \frac{c_1 \lambda_1^i}{l^{(0)}l^{(1)}...l^{(i)}} \left(v_1 + \frac{c_2}{c_1} \left(\frac{\lambda_2}{\lambda_1}\right)^i v_2 + ... + \frac{c_n}{c_1} \left(\frac{\lambda_n}{\lambda_1}\right)^i v_n \right) \end{aligned}$$

となる。$|\lambda_1|>|\lambda_2|>...>||!\lambda_n|$ の仮定から, $i \to \infty$ の時, $\left(\frac{\lambda_k}{\lambda_1}\right)^i \to 0$ となる。よって,

$$y_i \to \frac{c_1 \lambda_1^i}{l^{(0)}l^{(1)}...l^{(i)}} v_1$$

となり, y_i は v_i と同じ方向のベクトルとなる。また,

$$y_{i-1} \to \frac{c_1 \lambda_1^{i-1}}{l^{(0)}l^{(1)}...l^{(i-1)}} v_1$$

において, y_i, y_{i-1} はともに絶対値最大の成分は 1 であるので, $k \to \infty$ の時,

$$y_{i-1} \sim y_i \text{ すなわち } l^{(i)} \to \lambda_1$$

となる。さらに,

$$x_i \to \frac{c_1 \lambda_1^{i+1}}{l^{(0)}l^{(1)}...l^{(i)}}$$

より, Rayleigh 商は

$$\frac{(y_i, x_{i+1})}{(y_i, y_i)} \to \lambda_1$$

となる。

では, 前節の例題についてべき乗法により最大固有値を求めてみよう。

$$x_0 = \begin{pmatrix} 1 \\ 1 \end{pmatrix}$$

第3章 行列の固有値

$$l^{(0)} = 1, \boldsymbol{y}_0 = \begin{pmatrix} 1 \\ 1 \end{pmatrix}, \boldsymbol{x}_1 = \begin{pmatrix} 9 \\ 3 \end{pmatrix}, r^{(1)} = 6$$

$$l^{(1)} = 9, \boldsymbol{y}_1 = \begin{pmatrix} 1 \\ \frac{1}{3} \end{pmatrix}, \boldsymbol{x}_2 = \begin{pmatrix} \frac{11}{3} \\ \frac{7}{3} \end{pmatrix}, r^{(2)} = 4$$

$$l^{(2)} = \frac{11}{3}, \boldsymbol{y}_2 = \begin{pmatrix} 1 \\ \frac{7}{11} \end{pmatrix}, \boldsymbol{x}_3 = \begin{pmatrix} \frac{67}{11} \\ \frac{29}{11} \end{pmatrix}, r^{(3)} = \frac{94}{17}$$

$$l^{(3)} = \frac{67}{11}, \boldsymbol{y}_2 = \begin{pmatrix} 1 \\ \frac{29}{67} \end{pmatrix}, \boldsymbol{x}_4 = \begin{pmatrix} \frac{299}{67} \\ \frac{163}{67} \end{pmatrix}, r^{(4)} = \frac{2476}{533}$$

...

以上から,$r^{(i)}, l^{(i)}$ が 5 に近づいていることが分かる。$i = 1, ..., 5$ の結果は次の通りである。

i	$r^{(i)}$	$l^{(i)}$
1	6	9
2	4	3.6667
3	5.5294	6.0909
4	4.6454	4.4627
5	5.2026	5.3612

次のプログラム JAN301.java は,べき乗法により固有値計算プログラムである。

```
 1: // 3.1   べき乗法
 2: import java.io.*;
 3: public class JAN301
 4: {
 5:    public static void main(String args[]) throws IOException
 6:    {
 7:       int n, cnt1, cnt2, i;
 8:       double max, rayleigh;
 9:       String s;
10:       InputStreamReader in = new InputStreamReader(System.in);
11:       BufferedReader br = new BufferedReader(in);
12:       System.out.print("n 次行列ですか。: ");
13:       s = br.readLine();
14:       n = Integer.valueOf(s).intValue();
```

3.2 べき乗法

```
15:     System.out.print("繰り返し数 i: ");
16:     s = br.readLine();
17:     i = Integer.valueOf(s).intValue();
18:     double[][] a = new double[n][n];
19:     double[] x = new double[n];
20:     double[] y = new double[n];
21:     for(cnt1 = 1; cnt1 < n+1; cnt1++)
22:     {
23:      for(cnt2 = 1; cnt2 < n+1; cnt2++)
24:      {
25:       System.out.print(cnt1+"行"+cnt2+"列を入力して下さい。");
26:       s = br.readLine();
27:       a[cnt1-1][cnt2-1] = Double.valueOf(s).doubleValue();
28:      }
29:     }
30:     for(cnt1 = 0; cnt1 < n; cnt1++)
31:     {
32:         x[cnt1] = 1;
33:     }
34:     max = power_method_max(n,x);
35:     System.out.println("[i]"+"¥t"+"Rayleigh 商   最大固有値");
36:     for(cnt1 = 1; cnt1 < i+1; cnt1++)
37:     {
38:         power_method_y(n,x,y,max);
39:         power_method_x(n,a,x,y);
40:         rayleigh = power_method_rayleigh(n,x,y);
41:         max = power_method_max(n,x);
42:         System.out.println("["+cnt1+"]¥t"+rayleigh+"   "+max);
43:     }
44: }
45: static double power_method_max(int n, double x[])
46: {
47:     int cnt,max_num;
48:     double max;
49:     max = 0;
50:     max_num = 0;
51:     for(cnt = 0; cnt < n; cnt++)
52:     {
53:         if(Math.abs(x[cnt]) > max)
54:         {
```

第3章　行列の固有値

```
55:                    max = Math.abs(x[cnt]);
56:                    max_num = cnt;
57:            }
58:        }
59:        return(x[max_num]);
60:    }
61:    static void power_method_y(int n,double x[], double y[], double max)
62:    {
63:        int cnt;
64:        for(cnt = 0; cnt < n; cnt++)
65:        {
66:            y[cnt] = x[cnt] / max;
67:        }
68:    }
69:    static void power_method_x(int n,double a[][], double x[], double y[])
70:    {
71:        int cnt1, cnt2;
72:        for(cnt1 = 0; cnt1 < n; cnt1++)
73:        {
74:            x[cnt1] = 0;
75:            for(cnt2 = 0; cnt2 < n; cnt2++)
76:            {
77:                x[cnt1] += a[cnt1][cnt2]*y[cnt2];
78:            }
79:        }
80:    }
81:    static double power_method_rayleigh(int n,double x[],double y[])
82:    {
83:        int cnt;
84:        double temp1,temp2;
85:        temp1 = 0;
86:        temp2 = 0;
87:        for(cnt = 0; cnt < n; cnt++)
88:        {
89:            temp1 += x[cnt]*y[cnt];
90:            temp2 += y[cnt]*y[cnt];
91:        }
92:        return(temp1 / temp2);
```

```
93:    }
94: }
```

最大固有値は，45-60 行で定義されるメソッド power_method_max で計算
される。61-68 行のメソッド power_method_y で y_i が，69-80 行のメソッ
ド power_method_x で x_i が計算される。また，Rayleigh 商は，81-93 行の
power_rayleigh で計算される。プログラム JAN301.java を実行すると，次
のような結果が得られる。

```
n 次行列ですか。: 2
繰り返し数 i: 15
1 行 1 列を入力して下さい。1
1 行 2 列を入力して下さい。8
2 行 1 列を入力して下さい。2
2 行 2 列を入力して下さい。1
[i]     Rayleigh 商      最大固有値
[1]     6.0  9.0
[2]     4.0  3.6666666666666665
[3]     5.529411764705883   6.090909090909092
[4]     4.645403377110695   4.462686567164178
[5]     5.202552384237303   5.361204013377927
[6]     4.874206426082897   4.797878976918279
[7]     5.074079262028905   5.126381484852424
[8]     4.9550212330560255  4.926040530600858
[9]     5.026802320966833   5.04504193719461
[10]    4.983850692244518   4.973216117275931
[11]    5.009665426965373   5.016156878421809
[12]    4.994191984414824   4.990337097415368
[13]    5.00348166954473    5.005808967848868
[14]    4.997909865016106   4.996518663884593
[15]    5.001253673650815   5.002090257046714
```

ここで，$i = 31$ で単精度レベルの精度が保証される。なお，べき乗法では，
上記の理論的考察より，$|\lambda_1/\lambda_0|$ の値が小さいほど収束が速くなる。その性質を
応用して原点を移動した修正行列を用いることにより，べき乗法の収束を加速
することが可能である。また，最小固有値を求めるためには，$A\boldsymbol{x} = \lambda\boldsymbol{x}$ より，

$$A^{-1}\boldsymbol{x} = \frac{1}{\lambda}\boldsymbol{x}$$

第3章　行列の固有値

を用いた**逆べき乗法** (inverse iteration method) が利用可能である。

3.3　QR 法

べき乗法は最大固有値のみを求める方法であったが，すべての固有値を求めるためにはいわゆる**相似変換** (similar transformation) を応用した方法が用いられる。今，二つの n 次正則行列 A, B について

$$B = P^{-1}AP$$

を満足する正則行列が存在する時，B は A に**相似** (similar) であると言われる。相似変換は，A から B への変換である。ここで，相似変換は固有値を保存する性質を持っている。よって，A の固有値を求めるために，相似変換により容易に固有値を求める形の B に変換可能であれば，相似変換による固有値を求めることが可能となる。

したがって，逆行列計算が容易な形の行列 P が利用される。ここで，次のような行列を導入する。**対称行列** (symmetric matrix) は

$$A = A^t$$

を満足する行列である。ここで，A^t は A の行と列を交換した行列，すなわち，転置行列である。よって，対称行列は転置行列と元の行列が等しい行列である。
直交行列 (orthogonal matrix) は

$$A^t = A^{-1}$$

を満足する行列である。そして，行列 A が対称行列であれば，直交行列により対角化可能である。ここで，A が対角化可能とは，適当な正則行列 P を用い

$$P^{-1}AP = \begin{pmatrix} \lambda_1 & & & 0 \\ & \lambda_2 & & \\ & & \ddots & \\ 0 & & & \lambda_n \end{pmatrix}$$

3.3 QR 法

の形に変換できることを意味する。ただし，$\lambda_1, \lambda_2, ..., \lambda_n$ は A の固有値である。すなわち，対角化によって，固有値は対角成分となる。

任意の行列のすべての固有値を求めるもっとも有効な方法としては，**QR 法** (QR method) がある。QR 法では，行列 A を

$$A = QR$$

に分解する。これは，**QR 分解** (QR factorization) と言われる。ただし，Q は**ユニタリ行列** (unitary matrix)，R は右上三角行列である。なお，ユニタリ行列は $QQ^* = E$ および $Q^{-1} = Q^*$ を満足する行列である。Q^* は，Q の共役転置行列である。ここで，Q^* により

$$Q^* A (Q^*)^{-1} = Q^*(QR)(Q^*)^{-1} = Q^* QRQ = RQ$$

が成り立つ。この変換を行っても，元の行列 A の固有値は不変である。QR 法は，以上の原理を応用したものである。

QR 分解のアルゴリズム: QR

$$A_1 = A$$
$$A_n = Q_n R_n$$
$$A_{n+1} = R_n Q_n$$

を反復する。そして，A_n が収束した時の対角成分が固有値になる。

よって，QR 法は単純な操作によりすべての固有値を求めることができる。なお，ユニタリ行列は，成分が実数の場合，直交行列となる。

ここで，行列 Q, R は次のように計算される。まず，$Q = [q_i]$ は Gram-Schimidt の直交化により $q_1, ..., q_n$ を構成する。ただし，A の列ベクトルを $a_1, ..., a_n$ とする。

$$u_1 = a_1$$
$$q_1 = \frac{u_1}{|u_1|}$$

ここで，$|u_1|^2 = (u_1, u_1)$ である。$k = 2, 3, ..., n$ について

第3章　行列の固有値

$$u_k = a_k - (a_k, q_1)q_1 - (a_k, q_2)q_2 - ... - (a_k, q_{k-1})q_{k-1}$$
$$q_k = \frac{u_k}{|u_k|}$$

を計算する。

一方，右上三角行列 $R = [r_{jk}]$ は，次のように計算される。

$$r_{kk} = |u_k|$$
$$r_{jk} = (a_k, q_j) \ (j < k \text{ の時})$$
$$r_{jk} = 0 \ (j > k \text{ の時})$$

ここで，$q_1, q_2, ..., q_n$ は Q の列ベクトルである。

では，実例を見てみよう。

$$A = \begin{pmatrix} 3 & 1 & 5 \\ 4 & 5 & 10 \\ 0 & 0 & 30 \end{pmatrix}$$

とすると，固有値は $4 + \sqrt{5}, 4 - \sqrt{5}, 30$ となる。

まず，A を QR 分解するために，Q, R を計算する。$a_1 = (3, 4, 0)^t, a_2 = (1, 5, 0)^t, a_3 = (5, 10, 30)^t$ となるので，

$$u_1 = a_1$$
$$|u_1| = \sqrt{3^2 + 4^2 + 0^2} = 5 = r_{11}$$
$$q_1 = \frac{u_1}{|u_1|} = \frac{1}{5}(3, 4, 0)^t$$
$$(a_2, q_1) = 1 \times \frac{3}{5} + 5 \times \frac{4}{5} = \frac{23}{5} = r_{12}$$
$$u_2 = a_2 - (a_2, q_1)q_1 = \left(-\frac{44}{25}, \frac{33}{25}, 0\right)^t$$
$$|u_2| = \frac{\sqrt{(-44)^2 + 33^2}}{25} = \frac{11}{5} = r_{22}$$
$$q_2 = \frac{u_2}{|u_2|} = \left(-\frac{4}{5}, \frac{3}{5}, 0\right)^t$$

3.3 QR 法

$$(a_3, q_1) = 5 \times \frac{3}{5} + 10 \times \frac{4}{5} + 30 \times 0 = 11 = r_{13}$$

$$(a_3, q_2) = 5 \times \left(-\frac{4}{5}\right) + 10 \times \frac{3}{5} + 30 \times 0 = 2 = r_{23}$$

$$u_3 = a_3 - (a_3, q_1)q_1 - (a_3, q_2)q_2$$

$$= (5, 10, 30)^t - 11 \times \left(\frac{3}{5}, \frac{4}{5}, 0\right)^t - 2 \times \left(-\frac{4}{5}, \frac{3}{5}, 0\right)^t$$

$$= (0, 0, 30)^t$$

$$|u_3| = \sqrt{0^2 + 0^2 + 30^2} = 30 = r_{33}$$

$$q_3 = \frac{u_3}{|u_3|} = (0, 0, 1)^t$$

となる。よって，直交行列 Q は

$$Q = \begin{pmatrix} \frac{3}{5} & -\frac{4}{5} & 0 \\ \frac{4}{5} & \frac{3}{5} & 0 \\ 0 & 0 & 1 \end{pmatrix}$$

となる。また，右上三角行列 R は

$$R = \begin{pmatrix} 5 & \frac{23}{5} & 11 \\ 0 & \frac{11}{5} & 2 \\ 0 & 0 & 30 \end{pmatrix}$$

となる。以上から，QR 分解は次のようになる。

$$A = QR = \begin{pmatrix} \frac{3}{5} & -\frac{4}{5} & 0 \\ \frac{4}{5} & \frac{3}{5} & 0 \\ 0 & 0 & 1 \end{pmatrix} \begin{pmatrix} 5 & \frac{23}{5} & 11 \\ 0 & \frac{11}{5} & 2 \\ 0 & 0 & 30 \end{pmatrix}$$

となる。

次に，QR 法のアルゴリズムにより固有値を求めてみよう。$A_1 = A, Q_1 = Q, R_1 = R$ と置くと，

$$A_1 = Q_1 R_1 = \begin{pmatrix} \frac{3}{5} & -\frac{4}{5} & 0 \\ \frac{4}{5} & \frac{3}{5} & 0 \\ 0 & 0 & 1 \end{pmatrix} \begin{pmatrix} 5 & \frac{23}{5} & 11 \\ 0 & \frac{11}{5} & 2 \\ 0 & 0 & 30 \end{pmatrix}$$

となる。次に，A_2 を計算する。

第3章 行列の固有値

$$A_2 = R_1 Q_1 = \begin{pmatrix} \frac{167}{25} & -\frac{31}{25} & 11 \\ \frac{44}{25} & \frac{33}{25} & 2 \\ 0 & 0 & 30 \end{pmatrix}$$

次に，A_2 を QR 分解し，A_3 を求める．

$$A_2 = Q_2 R_2 = \begin{pmatrix} \frac{167}{5\sqrt{1193}} & -\frac{484}{5\sqrt{144353}} & 0 \\ \frac{44}{5\sqrt{1193}} & \frac{1837}{5\sqrt{144353}} & 0 \\ 0 & 0 & 1 \end{pmatrix} \begin{pmatrix} \frac{\sqrt{1193}}{5} & -\frac{149}{5\sqrt{1193}} & \frac{385}{\sqrt{1193}} \\ 0 & \frac{5\sqrt{144353}}{1193} & -\frac{330}{\sqrt{144353}} \\ 0 & 0 & 30 \end{pmatrix}$$

$$A_3 = R_2 Q_2 = \begin{pmatrix} \frac{7707}{1193} & -\frac{3095}{1193} & \frac{385}{\sqrt{1193}} \\ \frac{484}{1193} & \frac{1837}{1193} & -\frac{30}{\sqrt{1193}} \\ 0 & 0 & 30 \end{pmatrix}$$

以下同様の計算を行うと，$n \to \infty$ の時，A_n の対角成分が固有値となる．次のプログラム JAN302.java は，QR 法による固有値計算プログラムである．

```
 1: // 3.2   QR法
 2: import java.io.*;
 3: public class JAN302
 4: {
 5:     public static void main(String args[]) throws IOException
 6:     {
 7:         int n, m, cnt1, cnt2, cnt3, cnt4, c;
 8:         String s;
 9:         InputStreamReader in = new InputStreamReader(System.in);
10:         BufferedReader br = new BufferedReader(in);
11:         System.out.print("n 次行列ですか？ ");
12:         s = br.readLine();
13:         n = Integer.valueOf(s).intValue();
14:         System.out.print("繰り返し数 m？ ");
15:         s = br.readLine();
16:         m = Integer.valueOf(s).intValue();
17:         double[][] a = new double[n][n];
18:         double[][] q = new double[n][n];
19:         double[][] r = new double[n][n];
20:         for(cnt1 = 1; cnt1 < n+1; cnt1++)
21:         {
```

3.3 QR 法

```
22:         for(cnt2 = 1; cnt2 < n+1; cnt2++)
23:         {
24:           System.out.print(cnt1+"行"+cnt2+"列を入力して下さい。");
25:           s = br.readLine();
26:           a[cnt1-1][cnt2-1] = Double.valueOf(s).doubleValue();
27:         }
28:       }
29:       for(cnt1 = 1; cnt1 < m+1; cnt1++)
30:       {
31:         c = cnt1;
32:         QR_fac(n,a,q,r);
33:         if(c == 1)
34:         {
35:           System.out.println("Q = ");
36:           for(cnt3 = 0; cnt3 < n; cnt3++)
37:           {
38:             for(cnt4 = 0; cnt4 < n; cnt4++)
39:             {
40:               System.out.print(q[cnt3][cnt4]+"\t");
41:             }
42:             System.out.print("\n");
43:           }
44:           System.out.println("R = ");
45:           for(cnt3 = 0; cnt3 < n; cnt3++)
46:           {
47:             for(cnt4 = 0; cnt4 < n; cnt4++)
48:             {
49:               System.out.print(r[cnt3][cnt4]+"\t");
50:             }
51:             System.out.print("\n");
52:         }
53:         }
54:         calc(n,a,q,r);
55:         System.out.print("["+cnt1+"]   ");
56:         for(cnt2 = 0; cnt2 < n; cnt2++)
57:         {
58:           System.out.print(a[cnt2][cnt2]+"   ");
59:         }
60:         System.out.print("\n");
61:       }
```

第3章 行列の固有値

```
 62:        }
 63:        static void QR_fac(int n, double a[][], double q[][], double r[][])
 64:        {
 65:            int cnt1, cnt2, cnt3;
 66:            for(cnt1 = 0; cnt1 < n; cnt1++)
 67:            {
 68:                for(cnt2 = 0; cnt2 < cnt1; cnt2++)
 69:                {
 70:                    r[cnt2][cnt1] = 0;
 71:                    for(cnt3 = 0; cnt3 < n; cnt3++)
 72:                    {
 73:                       r[cnt2][cnt1] += a[cnt3][cnt1] * q[cnt3][cnt2];
 74:                    }
 75:                }
 76:                for(cnt2 = 0; cnt2 < cnt1; cnt2++)
 77:                {
 78:                    for(cnt3 = 0; cnt3 < n; cnt3++)
 79:                    {
 80:                       a[cnt3][cnt1] -= r[cnt2][cnt1] * q[cnt3][cnt2];
 81:                    }
 82:                }
 83:                r[cnt1][cnt1] = 0;
 84:                for(cnt2 = 0; cnt2 < n; cnt2++)
 85:                {
 86:                    r[cnt1][cnt1] += a[cnt2][cnt1] * a[cnt2][cnt1];
 87:                }
 88:                r[cnt1][cnt1] = Math.sqrt(r[cnt1][cnt1]);
 89:                for(cnt2 = 0; cnt2 < n; cnt2++)
 90:                {
 91:                    q[cnt2][cnt1] = a[cnt2][cnt1] / r[cnt1][cnt1];
 92:                }
 93:            }
 94:        }
 95:        static void calc(int n,double a[][],double q[][],double r[][])
 96:        {
 97:            int cnt1, cnt2, cnt3;
 98:            for(cnt1 = 0; cnt1 < n; cnt1++)
 99:            {
100:                for(cnt2 = 0; cnt2 < n; cnt2++)
```

3.3 QR 法

```
101:            {
102:                a[cnt1][cnt2] = 0;
103:                for(cnt3 = 0; cnt3 < n; cnt3++)
104:                {
105:                    a[cnt1][cnt2] += r[cnt1][cnt3] * q[cnt3][cnt2];
106:                }
107:            }
108:        }
110:    }
111: }
```

プログラム JAN302.java は，QR 分解と固有値を表示する。QR 分解は，63-94 行で定義されるメソッド QR_fac で行われる。また，固有値の実際の計算は，95-110 行で定義されるメソッド calc で行われる。プログラム JAN302.java を実行すると，次のような結果が得られる。

```
n 次行列ですか？    3
繰り返し数 m？    15
1行1列を入力して下さい。3
1行2列を入力して下さい。1
1行3列を入力して下さい。5
2行1列を入力して下さい。4
2行2列を入力して下さい。5
2行3列を入力して下さい。10
3行1列を入力して下さい。0
3行2列を入力して下さい。0
3行3列を入力して下さい。30
Q =
0.6     -0.7999999999999998      4.4408920985006264E-17
0.8     0.6000000000000001      -6.661338147750939E-17
0.0     0.0        1.0
R =
5.0     4.6        11.0
0.0     2.2        2.0000000000000018
0.0     0.0        30.0
[1]    6.68   1.3200000000000003    30.0
[2]    6.460184409052808    1.539815590947192    30.0
[3]    6.303951185355607    1.6960488146443933    30.0
[4]    6.255560627511058    1.7444393724889415    30.0
[5]    6.2416035169497395    1.7583964830502605    30.0
```

第 3 章　行列の固有値

```
[ 6]   6.237635474793834    1.7623645252061666    30.0
[ 7]   6.2365114958562184   1.7634885041437822    30.0
[ 8]   6.236193441862347    1.7638065581376539    30.0
[ 9]   6.23610346717869     1.7638965328213103    30.0
[10]   6.23607801616787     1.7639219838321312    30.0
[11]   6.236070817039544    1.7639291829604569    30.0
[12]   6.2360687806914665   1.7639312193085348    30.0
[13]   6.236068204690345    1.7639317953096563    30.0
[14]   6.236068041762835    1.7639319582371664    30.0
[15]   6.236067995677214    1.763932004322788     30.0
```

繰り返し数 28 で，倍精度レベルの真値が得られる。QR 分解は一般の行列に適用可能であるが，行列が Hessenberg 行列または三重対角行列と呼ばれる特別な形の場合には，計算量が少なくなることが知られている。

3.4　Householder 法

Householder (ハウスホルダー) 法 (Householder's method) は，対称行列の固有値を求める場合に用いられる変換法の一つであり，Householder 変換とも言われる[1]。Householder 法は，実対称行列を三重対角行列に変換する相似変換であり，後述する **Sturum (スツルム) 法** (Sturum's method) により固有値は求められる。ここでは，これらの二つの方法による固有値計算法を Householder 法と呼ぶことにする。

Householder 変換では，次の性質を持つ対称行列 H が利用される。

$$H = E - 2uu^t$$
$$u^t u = 1$$

ここで，長さ 1 の任意の列ベクトルである。なお，H は対称行列であり，

$$H^t H = (E - 2uu^t)(E - 2u^t u) = E = HH^{-1}$$

---

[1] 実際には，Householder 法は非対称行列にも適用可能である。

3.4 Householder 法

となるので,直交行列である。

また,長さの等しい異なる列ベクトル a, b について

$$u = \frac{a-b}{|a-b|}$$

と置くと,

$$b = Ha$$

となる。よって,実対称行列 A の k 列 $(1 \leq k \leq n-1)$ について,

$$s = \sqrt{a_{k+1,k}^2 + a_{k+2,k}^2 + ... + a_{nk}^2}$$
$$a = [0, ..., 0, a_{k+1,k}, a_{k+2,k}, a_{k+3,k}, ..., a_{nk}]^t$$
$$b = [0, ..., 0, s, 0, 0, ..., 0]^t$$
$$v = a - b$$
$$c = \frac{1}{|v|}$$
$$u = cv$$

から,u を計算する。そうすると,HAH は三重対角行列となる。これが **Householder 変換** (Householder transformation) である。なお,**三重対角行列** (tridiagonal matrix) とは,

$$\begin{pmatrix} * & * & & & & & \\ * & * & * & & & O & \\ & * & * & \ddots & & & \\ & & \ddots & \ddots & \ddots & & \\ & & & \ddots & \ddots & \ddots & \\ & O & & & * & * & * \\ & & & & & * & * \end{pmatrix}$$

の形の行列である。ここで,$*$ は 0 でない成分である。すなわち,三重対角行列は,対角成分およびすぐ隣りの成分のみが 0 でなく,他の成分はすべて 0 である行列である。

実際には,HAH の計算は手間がかかるので,

第 3 章 行列の固有値

$$HAH = (E - 2\boldsymbol{uu}^t)A(E - 2\boldsymbol{uu}^t) = A - \boldsymbol{uv}^t - \boldsymbol{vu}^t$$

と変形して行う方が効率的である．ただし，$\boldsymbol{v} = 2(A\boldsymbol{u} - \boldsymbol{uu}^t(A\boldsymbol{u}))$ である．この計算法によれば，まず，第 1 列に注目し，

$$s_1^2 = a_{21}^2 + a_{31}^2 + ... + a_{n1}^2$$
$$\alpha_1 = \frac{1}{s_1^2 + |a_{21}s_1|}$$
$$u_1 = (0, a_{21} + (a_{21}の符号) \times |s_1|, a_{31}, ..., a_{n1})^t$$
$$p_1 = \alpha_1 A u_1 = (1, *, *, ..., *)^t$$
$$v_1 = p_1 - \frac{\alpha_1}{2} u_1 p_1^t u_1$$
$$A_1 = A - (u_1 v_1^t + v_1 u_1^t)$$

を求める．次に，$A_1 = |a_{ij}^{(1)}|$ の第 2 列に注目し，

$$s_2^2 = (a_{32}^{(1)})^2 + (a_{42}^{(1)})^2 + ... + (a_{n2}^{(1)})^2$$
$$\alpha_2 = \frac{1}{s_2^2 + |a_{32}^{(1)} s_2|}$$
$$u_2 = (0, 0, a_{32}^{(1)} + (a_{32}^{(1)}の符号) \times |s_2|, a_{42}^{(1)}, ..., a_{n2}^{(1)})^t$$
$$p_2 = \alpha_2 A u_2 = (0, 1, *, ..., *)^t$$
$$v_2 = p_2 - \frac{\alpha_2}{2} u_2 p_2^t u_2$$
$$A_2 = A - (u_2 v_2^t + v_2 u_2^t)$$

を求める．以下，同様の計算を行い，A_{n-2} で三重対角行列が得られる．たとえば，

$$A = \begin{pmatrix} 2 & 3 & 4 \\ 3 & 2 & 1 \\ 4 & 1 & 3 \end{pmatrix}$$

とすると，$s_1^2 = 25, s_1 = \pm 5, \alpha_1 = \frac{1}{40}$ となる．よって，$u_1 = (0, 8, 4)^t, p_1 = (1, 0.5, 0.5)^t, v_1 = (1, -0.1, 0.2)^t$ となる．以上から，

$$A_1 = \begin{pmatrix} 2 & -5 & 0 \\ -5 & 3.6 & -0.2 \\ 0 & -0.2 & 1.4 \end{pmatrix}$$

3.4 Householder 法

が得られる。

三重対角行列の固有値は，Sturum 法で容易に求めることができるが，これはいわゆる Sturum の定理に基づいている。まず，Sturum 列は，次の (1), (2), (3) の条件を満足する区間 $[a, b]$ において連続な関数列 $f_0(x), f_1(x), ..., f_n(x)$ である。

(1) 区間 $[a, b]$ 内の任意の点 x において，番号の続く $f_k(x), f_{k+1}(x)$ は同時に 0 になることはない。

(2) 区間 $[a, b]$ 内のある点 x_0 において，$f_k(x_0) = 0, k \geq 1$ ならば，$f_{k-1}(x_0)f_{k+1}(x_0) < 0$ である。

(3) 列の最後の $f_n(x)$ は区間 $[a, b]$ において符号が一定である。

(4) $f_0(x) = 0$ となる点 $x = x_0$ の前後で次にいずれかが成立している。

  (a) $f_0(x)$ が増加関数で $f_1(x) > 0$ である。
  (b) $f_0(x)$ が減少関数で $f_1(x) < 0$ である。

今，x を固定した場合の関数列の符号の変化の回数を $N(x)$ とする。そうすると Sturum 列について，$f_0(x)$ の区間 $[a, b]$ 内に存在するゼロ点個数 n_0 が次の Sturum の定理から計算することができる。

Sturum の定理

$n_0 = N(a) - N(b).$

Sturum の定理を応用して，三重対角行列の固有値を求めることができる。A を実対称行列，c を実数とする。$d_0 = 1$ とし，$k = 1, 2, ..., n$ に対し，行列 $A - cE$ の第 k 主小行列式，すなわち，左上 k 行列までの部分の行列式の値を d_k とする。$d_0, d_1, ..., d_n$ の符号の変化の回数，すなわち，d_i, d_{i+1} の符号の異なるものの個数 (ただし，$d_i = 0$ ならば，d_{i-1}, d_{i+1} の符号の違いを 1 回変化したとする。) を $N(c)$ とすれば，任意の $c_1, c_2 (c_1 < c_2)$ に対して，A の固有値で区間 $[c_1, c_2]$ 内にあるものの個数は $N(c_2) - N(c_1)$ となる。

ここで，元の行列を三重対角化していれば，主小行列式は容易に計算することができる。すなわち，

第 3 章　行列の固有値

$$d_0 = 1, d_1 = a_{11} - c$$

$k = 2, 3, ..., n$ の順に

$$d_k = (a_{kk} - c)d_{k-1} - a_{k-1,k}a_{k,k-1}d_{k-2}$$

となる．したがって，区間 $[c_L, c_R]$ 内の固有値の個数が分かるので，個数が 0 でなければ区間を二等分して中点 $c_M = \dfrac{c_L + c_R}{2}$ における符号変化回数を計算すれば，

　　左半分 $[c_L, c_M]$ に含まれる固有値の個数 $N(c_M) - N(c_L)$,

　　右半分 $[c_M, c_R]$ に含まれる固有値の個数 $N(c_R) - N(c_M)$,

となる．そして，固有値を含む区間を再び二分し，固有値の存在範囲を確定することができる．この手法は，いわゆる**二分法** (bisection method) である (赤間 (1999) 参照)．以上の Householder 変換と二分法を組み合わせることにより，固有値を計算することができる．なお，例題の行列の固有値は

$$\lambda = -2.26818929575366,\ 1.40101168360982,\ 7.86717761214384$$

となる．次のプログラム JAN303.java は，Householder 法による固有値計算プログラムである．

```
1: // 3.3   Householder 法
2: import java.io.*;
3: public class JAN303
4: {
5:   public static void main(String args[]) throws IOException
6:   {
7:     int n, cnt1, cnt2;
8:     String s;
9:     InputStreamReader in = new InputStreamReader(System.in);
10:    BufferedReader br = new BufferedReader(in);
11:    System.out.print("n 次対称行列ですか？  ");
12:    s = br.readLine();
13:    n = Integer.valueOf(s).intValue();
14:    double[][] a = new double[n][n];
```

3.4 Householder 法

```
15:        for(cnt1 = 1; cnt1 < n+1; cnt1++)
16:        {
17:         for(cnt2 = 1; cnt2 < n+1; cnt2++)
18:         {
19:          System.out.print(cnt1+"行"+cnt2+"列を入力して下さい。");
20:          s = br.readLine();
21:          a[cnt1-1][cnt2-1] = Double.valueOf(s).doubleValue();
22:         }
23:        }
24:        System.out.println("三重対角行列");
25:        householder_first(n, a);
26:        for(cnt1 = 0; cnt1 < n; cnt1++)
27:        {
28:            for(cnt2 = 0; cnt2 < n; cnt2++)
29:            {
30:                System.out.print(a[cnt1][cnt2]+"  ");
31:            }
32:            System.out.println();
33:        }
34:        System.out.println("固有値");
35:        householder_second(n, a);
36:    }
37:    static void householder_first(int n, double a[][])
38:    { // Householder 変換
39:        int cnt1, cnt2, cnt3;
40:        double s, b, temp;
41:        double[] w = new double[n];
42:        double[] p = new double[n];
43:        double[] q = new double[n];
44:        for(cnt1 = 0; cnt1 < n-2; cnt1++)
45:        {
46:            s = 0;
47:            for(cnt2 = cnt1+1; cnt2 < n; cnt2++)
48:            {
49:                s += Math.pow(a[cnt2][cnt1], 2);
50:            }
51:            s = Math.sqrt(s);
52:            b = 1 / (Math.pow(s,2) + Math.abs(a[cnt1+1][cnt1] * s));
53:            for(cnt2 = 0; cnt2 < n; cnt2++)
54:            {
```

79

第3章 行列の固有値

```
55:             if(cnt2 <= cnt1)
56:             {
57:                 w[cnt2]=0;
58:             }
59:             else if(cnt2 == cnt1+1)
60:             {
61:                 temp = Math.abs(s);
62:                 if(a[cnt2][cnt1] < 0)
63:                 {
64:                     temp *= -1;
65:                 }
66:                 w[cnt2] = a[cnt2][cnt1] + temp;
67:             }
68:             else
69:             {
70:                 w[cnt2] = a[cnt2][cnt1];
71:             }
72:         }
73:         for(cnt2 = 0; cnt2 < n; cnt2++)
74:         {
75:             p[cnt2] = 0;
76:             for(cnt3 = 0; cnt3 < n; cnt3++)
77:             {
78:                 p[cnt2] += a[cnt2][cnt3] * w[cnt3] * b;
79:             }
80:         }
81:         for(cnt2 = 0; cnt2 < n; cnt2++)
82:         {
83:          q[cnt2] = p[cnt2];
84:          for(cnt3 = 0; cnt3 < n; cnt3++)
85:          {
86:             q[cnt2] -= b / 2 * w[cnt2] * p[cnt3] * w[cnt3];
87:          }
88:         }
89:         for(cnt2 = 0; cnt2 < n; cnt2++)
90:         {
91:          for(cnt3 = 0; cnt3 < n; cnt3++)
92:          {
93:             a[cnt2][cnt3] -= w[cnt2]*q[cnt3] + q[cnt2]*w[cnt3];
94:          }
```

3.4 Householder 法

```
 95:        }
 96:     }
 97:  }
 98:  static void householder_second(int n, double a[][])
 99:  { // Sturum 法
100:      int cnt1, cnt2;
101:      double temp, max;
102:      max = 0;
103:      for(cnt1 = 0; cnt1 < n; cnt1++)
104:      {
105:          temp = 0;
106:          for(cnt2 = 0; cnt2 < n; cnt2++)
107:          {
108:              temp += Math.abs(a[cnt1][cnt2]);
109:          }
110:          if(max < temp)
111:          {
112:              max = temp;
113:          }
114:      }
115:      householder_divide(n, a, max, -max);
116:  }
117:  static void householder_divide(int n, double a[][], double max, double min)
118:  {
119:      int cnt_max, cnt_temp, cnt_min;
120:      double temp;
121:      temp = (max + min) / 2;
122:      cnt_max = householder_change_cnt(n, a, max);
123:      cnt_temp = householder_change_cnt(n, a, temp);
124:      cnt_min = householder_change_cnt(n, a, min);
125:      if(cnt_max-cnt_temp == 1 && cnt_temp-cnt_min == 1)
126:      {
127:          householder_divide2(n, a, max, temp);
128:          householder_divide2(n, a, temp, min);
129:      }
130:      else if(cnt_max-cnt_temp == 0)
131:      {
132:          householder_divide(n, a, temp, min);
133:      }
```

第3章 行列の固有値

```
134:        else if(cnt_temp-cnt_min == 0)
135:        {
136:            householder_divide(n, a, max, temp);
137:        }
138:        else if(cnt_max-cnt_temp == 1)
139:        {
140:            householder_divide2(n, a, max, temp);
141:            householder_divide(n, a, temp, min);
142:        }
143:        else if(cnt_temp-cnt_min == 1)
144:        {
145:            householder_divide2(n, a, temp, min);
146:            householder_divide(n, a, max, temp);
147:        }
148:        else
149:        {
150:            householder_divide(n, a, max, temp);
151:            householder_divide(n, a, temp, min);
152:        }
153:    }
154:    static int householder_change_cnt(int n, double a[][], double x)
155:    {
156:        int cnt, cnt1;
157:        double temp;
158:        double[] y = new double[n+1];
159:        cnt = 0;
160:        y[0] = 1;
161:        y[1] = a[0][0] - x;
162:        if(y[1] < 0)
163:        {
164:            cnt++;
165:        }
166:        for(cnt1 = 1; cnt1 < n; cnt1++)
167:        {
168:            y[cnt1+1] = y[cnt1] * (a[cnt1][cnt1] - x)
169:                      - y[cnt1-1] * a[cnt1][cnt1-1] * a[cnt1-1][cnt1];
170:            if((y[cnt1]>=0 && y[cnt1+1] < 0) || (y[cnt1] < 0 && y[cnt1+1] >= 0))
171:            {
172:                cnt++;
```

3.4 Householder 法

```
173:          }
174:        }
175:        return(cnt);
176:    }
177:    static void householder_divide2(int n, double a[][], double max, double min)
178:    {
179:        double eps, temp;
180:        eps = 1.0e-14; ///
181:        while(Math.abs(max - min) >= eps)
182:        {
183:            temp = (max + min) / 2;
184:            if(householder_change_cnt(n, a, max) == householder_change_cnt(n, a, temp))
185:            {
186:                max = temp;
187:            }
188:            else
189:            {
190:                min = temp;
191:            }
192:        }
193:        System.out.println((max + min) / 2);
194:    }
195: }
```

行列の三重対角化は，37-97 行で定義される householder_first で，また，Sturum 法による固有値の計算は 98-116 行で定義される householder_second で行われる．ここで，二分法の処理を行うメソッドが householder_divide, householder_divide2 呼ばれている．180 行の収束条件をチェックするための eps は，倍精度計算ではこの値より小さくすると，行列によっては収束しない場合もある．なお，householder_change_cnt は係数の変更に関する処理を行う．プログラム JAN303.java を実行すると，次のような結果が得られる．

```
    n 次対称行列ですか？    3
    1行1列を入力して下さい。2
    1行2列を入力して下さい。3
    1行3列を入力して下さい。4
```

83

第3章 行列の固有値

```
2行1列を入力して下さい。3
2行2列を入力して下さい。2
2行3列を入力して下さい。1
3行1列を入力して下さい。4
3行2列を入力して下さい。1
3行3列を入力して下さい。3
三重対角行列
2.0   -5.0   0.0
-5.0   3.6000000000000005   -0.19999999999999973
0.0   -0.19999999999999973   1.4000000000000001
固有値
-2.268189295753665
7.8671776121438395
1.4010116836098252
```

実行結果を見ると,倍精度レベルの精度が保証されている。Sturum 法を利用すると,三重対角行列の固有値を高精度で計算することができる。Householder 法は非対称行列の固有値計算にも応用可能であるが,その場合行列は三重対角行列ではなく Hessenberg (ヘッセンベルグ) 行列に変換される。そして,実際の固有値計算は,QR 法などが用いられる。

第4章 補間

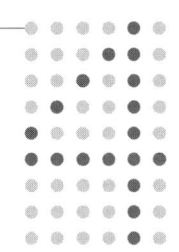

4.1 補間による近似式

科学実験などで得られた何個かのデータを通る曲線を求めることは，非常に重要である．なぜならば，データから近似関数を求めデータとしてない場合を近似関数から推測することができるからである．近似関数の同定により，実験データを解析的に取り扱うことが可能となる．また，数値積分，微分方程式などの数値計算や CG などの曲線の描画にも近似関数は利用されている．

このような複数のデータ点 (x_i, y_i) から近似関数 $y = f(x)$ を求める手法は，**補間** (interpolation)，または，近似と呼ばれている．もっとも単純な補間は，1次式による補間であり，**線形補間** (linear interpolation) と言われる．線形補間は，$f(x)$ を折れ線グラフで近似する方法であるが，実用性は低い．

一般には，曲線による補間が重要である．主な補間法には，Lagrange 補間，Newton 補間，スプライン補間などがある．

4.2 Lagrange 補間

Lagrange (ラグランジェ) 補間 (Lagrange interpolation) から説明する．Lagrange 補間では，$n+1$ 個のデータ (x_i, y_i) から，これらのすべての点を通る n 次多項式 $P_n(x_i)$ を求める．すなわち，$i = 0, 1, ...n$ について

$$P_n(x_i) = y_i$$

第4章 補間

を満足する。このような多項式 $P(x)$ は **Lagrange の補間多項式** (Lagrange interpolation polynomial) と呼ばれる。今，$P(x)$ を次のように定義する。

$$P_n(x) = a_n x^n + a_{n-1} x^{n-1} + ... + a_1 x + a_0$$

よって，$n+1$ 個のデータについて以下の式が成り立つ $(i = 0, 1, ..., n)$。

$$a_0 + a_1 x_i + a_2 x_i^2 + ... + a_n x_i^n = y_i$$

これらの式は，$a_0, a_1, ..., a_n$ を未知数とする連立方程式となる。その連立方程式を行列で書き直すと，以下のようになる。

$$\begin{pmatrix} 1 & x_0 & x_0^2 & ... & x_0^n \\ 1 & x_1 & x_1^2 & ... & x_1^n \\ ... & ... & ... & ... & ... \\ 1 & x_n & x_n^2 & ... & x_n^n \end{pmatrix} \begin{pmatrix} a_0 \\ a_1 \\ ... \\ a_n \end{pmatrix} = \begin{pmatrix} y_0 \\ y_1 \\ ... \\ y_n \end{pmatrix}$$

ここで，係数行列は **Vandermonde (バンデルモンド) 行列** (Vandermonde's matrix) と言われ，その行列式は

$$\prod_{i>j}(x_i - x_j)$$

となる (赤間 (2001) 参照)。よって，Langrange の補間多項式は

$$P_n(x) = \sum_{i=0}^{n} f(x_i) \prod_{k=0, k \neq l}^{n} \frac{x - x_k}{x_i - x_k}$$

と定義することができる。これを具体的に書くと Lagrange の補間のアルゴリズムとなる。

Lagrange 補間のアルゴリズム: Lagrange

$$\begin{aligned}
P_n(x) &= f(x_0) \frac{(x-x_1)(x-x_2)...(x-x_n)}{(x_0-x_1)(x_0-x_2)...(x_0-x_n)} \\
&+ f(x_1) \frac{(x-x_0)(x-x_2)...(x-x_n)}{(x_1-x_0)(x_1-x_2)...(x_1-x_n)} + ... \\
&+ f(x_i) \frac{(x-x_0)...(x-x_{i-1})(x-x_{i+1})...(x-x_n)}{(x_i-x_0)...(x_i-x_{i-1})(x_i-x_{i+1})...(x_i-x_n)} + ... \\
&+ f(x_n) \frac{(x-x_0)(x-x_1)...(x-x_{n-1})}{(x_n-x_0)(x_n-x_1)...(x_n-x_{n-1})}
\end{aligned}$$

4.2 Lagrange 補間

たとえば，次のようなデータから Lagrange の補間多項式を求めてみよう．

x_i	1	2	4	5
$f(x_i)$	3	2	12	35

このデータを上記の公式に代入すると，次のようになる．

$$
\begin{aligned}
P_3(x) &= 3\frac{(x-2)(x-4)(x-5)}{(1-2)(1-4)(1-5)} + 2\frac{(x-1)(x-4)(x-5)}{(2-1)(2-4)(2-5)} \\
&\quad + 12\frac{(x-1)(x-2)(x-5)}{(4-1)(4-2)(4-5)} + 35\frac{(x-1)(x-2)(x-4)}{(5-1)(5-2)(5-4)} \\
&= -\frac{1}{4}(x-2)(x-4)(x-5) + \frac{1}{3}(x-1)(x-4)(x-5) \\
&\quad -2(x-1)(x-2)(x-5) + \frac{35}{12}(x-1)(x-2)(x-4) \\
&= x^3 - 5x^2 + 7x
\end{aligned}
$$

次のプログラム JAN401.java は，Lagrange 補間プログラムである．

```
 1: // 4.1   Lagrange 補間
 2: import java.io.*;
 3: public class JAN401
 4: {
 5:     public static void main(String args[]) throws IOException
 6:     {
 7:         int n, cnt1, cnt2;
 8:         String s;
 9:         InputStreamReader in = new InputStreamReader(System.in);
10:         BufferedReader br = new BufferedReader(in);
11:         System.out.print("何次の多項式を求めますか？ ");
12:         s = br.readLine();
13:         n = Integer.valueOf(s).intValue();
14:         double[] a = new double[n+1];
15:         double[] x = new double[n+1];
16:         double[] y = new double[n+1];
17:         for(cnt1 = 1; cnt1 < n+2; cnt1++)
18:         {
19:          while(true)
20:          {
21:           System.out.print(cnt1+"番目の x を入力して下さい．");
```

第4章 補間

```
22:        s = br.readLine();
23:        x[cnt1-1] = Double.valueOf(s).doubleValue();
24:        for(cnt2 = 0; cnt2 < cnt1-1; cnt2++)
25:        {
26:            if(x[cnt2] == x[cnt1-1])
27:            {
28:                break;
29:            }
30:        }
31:        if(cnt2 == cnt1-1)
32:        {
33:            break;
34:        }
35:    }
36:    System.out.print(cnt1+"番目の f(x) を入力して下さい。");
37:    s = br.readLine();
38:    y[cnt1-1] = Double.valueOf(s).doubleValue();
39:    }
40:    lagrange_y(n, x, y);
41:    lagrange_a(n, a, x, y);
42:    for(cnt1 = n; cnt1 >= 0; cnt1--)
43:    {
44:        System.out.println("x^"+(cnt1)+" の係数 = "+a[cnt1]);
45:    }
46: }
47: static void lagrange_y(int n,double x[],double y[])
48: {
49:    int cnt1, cnt2;
50:    for(cnt1 = 0; cnt1 < n+1; cnt1++)
51:    {
52:        for(cnt2 = 0; cnt2 < n+1; cnt2++)
53:        {
54:            if(cnt1 != cnt2)
55:            {
56:                y[cnt1] /= x[cnt1] - x[cnt2];
57:            }
58:        }
59:    }
60: }
61: static void lagrange_a(int n,double a[],double x[],double y[])
```

4.2 Lagrange 補間

```
62:     {
63:         int cnt1, cnt2, cnt3;
64:         double[] temp_a = new double[n+1];
65:         double[] temp_x = new double[n];
66:         for(cnt1 = 0; cnt1 < n+1; cnt1++)
67:         {
68:             a[cnt1] = 0;
69:         }
70:         for(cnt1 = 0; cnt1 < n+1; cnt1++)
71:         {
72:             for(cnt2 = 0, cnt3 = 0; cnt2 < n+1; cnt2++, cnt3++)
73:             {
74:                 if(cnt1 != cnt2)
75:                 {
76:                     temp_x[cnt3] = x[cnt2] * (-1);
77:                 }
78:                 else
79:                 {
80:                     cnt3--;
81:                 }
82:             }
83:             temp_a[0] = 1;
84:             for(cnt2 = 0; cnt2 < n; cnt2++)
85:             {
86:                 temp_a[cnt2+1] = 1;
87:                 for(cnt3 = cnt2; cnt3 >= 0; cnt3--)
88:                 {
89:                     temp_a[cnt3] *= temp_x[cnt2];
90:                     if(cnt3 > 0)
91:                     {
92:                         temp_a[cnt3] += temp_a[cnt3-1];
93:                     }
94:                 }
95:             }
96:             for(cnt2 = 0; cnt2 < n+1; cnt2++)
97:             {
98:                 a[cnt2] += temp_a[cnt2] * y[cnt1];
99:             }
100:        }
101:    }
```

第4章 補間

```
102: }
```

9-39 行は補間データの入力処理である。47-60 行で定義されるメソッド `lagrange_y` では，Lagrange の補間公式が計算され，61-102 行で定義される `lagrange_a` で補間多項式の係数が計算される。プログラム JAN401.java を実行すると，次のような結果が得られる。

```
何次の多項式を求めますか？　3
1番目の x を入力して下さい。　1
1番目の f(x) を入力して下さい。3
2番目の x を入力して下さい。　2
2番目の f(x) を入力して下さい。2
3番目の x を入力して下さい。　4
3番目の f(x) を入力して下さい。12
4番目の x を入力して下さい。　5
4番目の f(x) を入力して下さい。35
x^3 の係数 = 0.9999999999999998
x^2 の係数 = -4.9999999999999964
x^1 の係数 = 6.999999999999993
x^0 の係数 = 3.552713678800501E-15
```

ここで，定数項 (x^0 の係数) は，倍精度計算では 0 と見なすことができる。

4.3　Newton 補間

Lagrange 補間では，新しいデータが加わると，最初から補間を求め直さなければならない。すなわち，$P_{n+1}(x)$ の計算において $P_n(x)$ の結果を反映させることができない。Newton 補間 (Newton interpolatoion) は，このような欠点を改良した補間法である。

今，$f(x)$ とそのデータの部分集合 $\{x_0, x_1, ..., x_k\}$ が与えられていた時，k 次補間多項式を

$$Q_0(x) = f(x_0)$$
$$Q_k(x) = Q_{k-1}(x) + q_k(x)$$

4.3 Newton 補間

と定義する $(k = 1, 2, ..., n)$。ここで，$q_k(x)$ は高々 k 次の多項式とする。

k 個のデータでは，

$$Q_k(x_j) = f(x_j) = Q_{k-1}(x_j)$$

であるので $(j = 0, 1, ..., k-1)$，ある定数 a_k について，

$$q_k(x) = a_k \prod_{j=0}^{k-1}(x - x_j)$$

と書くことができる $(k = 1, 2, , ..., n)$。よって，以上から

$$a_k = \frac{f(x_k) - Q_{k-1}(x_k)}{\prod_{j=0}^{k-1}(x_k - x_j)}$$

となる $(k = 1, 2, ..., n)$。また，

$$a_0 = f(x_0)$$

である。したがって，$Q_n(x)$ は次のように定義される。

$$Q_n(x) = a_0 + (x - x_0)a_1 + ... + (x - x_0)(x - x_1)...(x - x_{n-1})a_n$$

ここで，係数 a_k は，k 次の**差分商** (divided difference) と言われ，

$$a_k = f[x_0, x_1, ..., x_k]$$

と書くことにする $(k = 0, 1, ..., n)$。

次に，補間多項式の定義のために差分商の計算式を定義する必要がある。前述の Lagrange の補間多項式は，

$$Q_n(x) = \sum_{i=0}^{n} f(x_i) \prod_{k=0, k \neq l}^{n} \frac{x - x_k}{x_i - x_k}$$

であるが，これは一意に決まる。よって，差分商の x^n の係数を比較すると，

$$a_n = f[x_0, x_1, ..., x_n] = \sum_{i=0}^{n} \frac{f(x_i)}{\prod_{k=0, k \neq i}^{n}(x_i - x_k)}$$

第4章 補間

が得られる。また，データ点を逆に $x_n, x_{n-1}, ..., x_0$ と置いて補間多項式 $Q_n(x)$ を求めると，次のようになる。

$$Q_n(x) = b_0 + (x - x_n)b_1 + ... + (x - x_n)(x - x_{n-1})...(x - x_1)b_n$$
$$b_k = f[x_n, x_{n-1}, ..., x_{n-k}]$$

ここで，差分商は変数の順序に依存しないので，

$$a_n = f[x_0, x_1, ..., x_n] = f[x_n, x_{n-1}, ..., x_0] = b_n$$

とならなければならない。すなわち，二つの $Q_n(x)$ の定義の差を取ると，

$$[(x - x_0) - (x - x_n)](x - x_1)...(x - x_{n-1})a_n + (a_{n-1} - b_{n-1})x^{n-1} + p_{n-2}(x) = 0$$

となる。ただし，$p_{n-2}(x)$ は高々 $(n-2)$ 次の多項式である。よって，次の式が得られる。

$$a_n = \frac{a_{n-1} - b_{n-1}}{x_0 - x_n} = \frac{f[x_0, x_1, ..., x_{n-1}] - f[x_1, x_2, ..., x_n]}{x_- x_n}$$

すなわち，差分商は

$$f[x_0] = f[x_0]$$
$$f[x_0, x_1, ..., x_k] = \frac{f[x_0, x_1, ..., x_{k-1}] - f[x_1, x_2, ..., x_k]}{x_0 - x_k}$$

から求めることができる $(k = 1, ..., n)$。よって，Newton 補間のアルゴリズムは，以下のように書くことができる。

Newton 補間のアルゴリズム: NI

$$Q_n(x) = f[x_0] + (x - x_0)f[x_0, x_1] + ... + (x - x_0)(x - x_1)...(x - x_{n-1})f[x_0, x_1, ..., x_n]$$

たとえば，次のようなデータから Newton の補間多項式を求めてみよう。

x_i	–1	0	1
$f(x_i)$	–7	–3	3

4.3 Newton 補間

このデータを上記の公式に代入すると，次のようになる．

$$Q(x) = -7 + (x+1)\frac{-3+7}{0+1} + (x+1)(x-0)\frac{\frac{3+3}{1+0} - \frac{-3+7}{0+1}}{1+1}$$

$$= -7 + 4(x+1) + x(x+1) = x^2 + 5x - 3$$

次のプログラム JAN402.java は，Newton 補間プログラムである．

```
 1:   // 4.2  Newton 補間
 2:   import java.io.*;
 3:   public class JAN402
 4:   {
 5:       public static void main(String args[]) throws IOException
 6:       {
 7:         int n, cnt1, cnt2;
 8:         String s;
 9:         InputStreamReader in = new InputStreamReader(System.in);
10:         BufferedReader br = new BufferedReader(in);
11:         System.out.print("何次の多項式を求めますか？　");
12:         s = br.readLine();
13:         n = Integer.valueOf(s).intValue();
14:         double[] a = new double[n+1];
15:         double[] x = new double[n+1];
16:         double[][] y = new double[n+1][n+1];
17:         for(cnt1 = 1; cnt1 < n+2; cnt1++)
18:         {
19:           while(true)
20:           {
21:             System.out.print(cnt1+"番目の x を入力して下さい．");
22:             s = br.readLine();
23:             x[cnt1-1] = Double.valueOf(s).doubleValue();
24:             for(cnt2 = 0; cnt2 < cnt1-1; cnt2++)
25:             {
26:                 if(x[cnt2] == x[cnt1-1])
27:                 {
28:                     break;
29:                 }
30:             }
31:             if(cnt2 == cnt1-1)
32:             {
```

第4章 補間

```
33:                break;
34:            }
35:          }
36:          System.out.print(cnt1+"番目のf(x)を入力して下さい。");
37:          s = br.readLine();
38:          y[0][cnt1-1] = Double.valueOf(s).doubleValue();
39:        }
40:        newton_y(n,x,y);
41:        newton_a(n,a,x,y);
42:        for(cnt1 = n; cnt1 >= 0; cnt1--)
43:        {
44:          System.out.println("x^"+(cnt1)+" の係数 = "+a[cnt1]);
45:        }
46:      }
47:      static void newton_y(int n,double x[],double y[][])
48:      {
49:        int cnt1, cnt2;
50:        for(cnt1 = 1; cnt1 < n+1; cnt1++)
51:        {
52:          for(cnt2 = 0; cnt2 < n+1-cnt1; cnt2++)
53:          {
54:            y[cnt1][cnt2] = (y[cnt1-1][cnt2+1]- y[cnt1-1][cnt2])
55:                          / (x[cnt2+cnt1]-x[cnt2]);
56:          }
57:        }
58:      }
59:      static void newton_a(int n,double a[],double x[],double y[][])
60:      {
61:        int cnt1, cnt2;
62:        double[] temp_a = new double[n+1];
63:        double[] temp_x = new double[n+1];
64:        for(cnt1 = 0; cnt1 < n+1; cnt1++)
65:        {
66:          a[cnt1] = 0;
67:          temp_a[cnt1] = 0;
68:          temp_x[cnt1] =- x[cnt1];
69:        }
70:        temp_a[0] = 1;
71:        a[0] = y[0][0];
72:        for(cnt1 = 0; cnt1 < n; cnt1++)
```

4.3 Newton 補間

```
73:        {
74:            temp_a[cnt1+1] = 1;
75:            for(cnt2 = cnt1; cnt2 >= 0; cnt2--)
76:            {
77:                temp_a[cnt2] *= temp_x[cnt1];
78:                if(cnt2 > 0)
79:                {
80:                    temp_a[cnt2] += temp_a[cnt2-1];
81:                }
82:            }
83:            for(cnt2 = 0; cnt2 < n+1; cnt2++)
84:            {
85:                a[cnt2] += temp_a[cnt2] * y[cnt1+1][0];
86:            }
87:        }
88:    }
89: }
```

47-58 行で定義される newton_y は Newton の補間公式の計算を行うメソッドであり，59-89 行で定義される Newton_a は補間多項式の係数を計算するメソッドである．プログラム JAN402.java を実行すると，次のような結果が得られる．

```
何次の多項式を求めますか？　2
1番目の x を入力して下さい。-1
1番目の f(x) を入力して下さい。-7
2番目の x を入力して下さい。0
2番目の f(x) を入力して下さい。-3
3番目の x を入力して下さい。1
3番目の f(x) を入力して下さい。3
x^2 の係数 = 1.0
x^1 の係数 = 5.0
x^0 の係数 = -3.0
```

第4章 補間

4.4 スプライン補間

スプライン補間 (spline interpolation) について説明する。スプラインとは自在定規のことであり，点列をなめらかに結ぶことにより曲線を構成するのがスプライン補間の考え方である。今，$a = x_0 < x_1 < ... < x_n = b$ とすると，**スプライン関数** (spline function) は，区間 $[x_i, x_{i+1}]$ において n 次多項式であり，かつ，$[a, b]$ で $n-1$ 回微分可能であるような関数である。各点を直線で結び得られる曲線は 1 次のスプライン曲線であるがこれは折れ線になる。各点を n 次曲線で結び得られる曲線は，n 次のスプライン曲線である。数値計算では，一般に，3 次のスプライン曲線の補間が用いられる。

今，閉区間内 $[a, b]$ の点 $x_0, ..., x_n$ とそれらの関数値 $y_0, ..., y_n$ が与えられているとする。これらのデータに関する 3 次スプライン関数 $s(x)$ は，次の条件を満足する関数である。

(1) 各区間では 3 次多項式である，

(2) 各区間の両端はある関数値を取る，

(3) 各区間の境界において 2 回微分可能である。

(1) より，$s(x_i)$ は

$$s(x_i) = ax_i^3 + bx_i^2 + cx_i + d,$$
$$s(x_i) = f(x_i)$$

の形の 3 次関数となる。(2) は，**端末条件** (end condition) とも言われる条件により別途関数値が決定されることを意味する。なお，端末条件にはいくつかの条件があるが，ここでは固定条件を用いる。固定条件は，両端点の 1 次微分係数を与えるものである。よって，$[-\infty, a], [b, \infty]$ のスプライン関数は 1 次関数となる。また，(3) より，$s(x), s'(x), s''(x)$ の値は点 x において連続となる。さらに，$a = x_0, x_n = b$ であれば，

$$s''(a) = 0$$
$$s''(b) = 0$$

4.4 スプライン補間

となる。

では，上記の例に関して，3次のスプライン補間を行ってみよう。

x_i	1	2	4
$f(x_i)$	3	2	12

上記のスプライン関数の定義より，まず，区間 $[1,2]$ では

$$s_1(x_i) = a_1 x_i^3 + b_1 x_i^2 + c_1 x_i + d_1 \quad s_1'(x_i) = 3a_1 x_i^2 + 2b_1 x_i + c_1$$
$$s_1''(x_i) = 6a_1 x_i + 2b_1$$

となる。また，区間 $[2,4]$ では

$$s_2(x_i) = a_2 x_i^3 + b_2 x_i^2 + c_2 x_i + d_2 \quad s_2'(x_i) = 3a_2 x_i^2 + 2b_2 x_i + c_2$$
$$s_2''(x_i) = 6a_2 x_i + 2b_2$$

となる。よって，

$$s_1(1) = 3$$
$$s_1(2) = 2$$
$$s_2(2) = 2$$
$$s_2(4) = 12$$

となる。また，スプライン関数は2回微分可能であるので，$x=2$ における1次導関数および2次導関数の値が等しくなる。すなわち，

$$s_1'(2) - s_2'(2) = 0$$
$$s_1''(2) - s_2''(2) = 0$$

となる。さらに，スプライン関数の点 $x=2,4$ における連続性から

$$s_1''(2) = 0$$
$$s_2''(4) = 0$$

となる。したがって，以上から，以下の式が成り立つ。

第4章 補間

$$a_1 + b_1 + c_1 + d_1 = 3$$
$$8a_1 + 4b_1 + 2c_1 + d_1 = 2$$
$$8a_2 + 4b_2 + 2c_2 + d_2 = 2$$
$$64a_2 + 16b_2 + 4c_2 + d_2 = 12$$
$$12a_1 + 4b_1 + c_1 - 12a_2 - 4b_2 - c_2 = 0$$
$$12a_1 + 2b_1 - 12a_2 - 2b_2 = 0$$
$$6a_1 + 2b_1 = 0$$
$$24a_2 + 2b_2 = 0$$

なお,n 個の標本点に関するスプライン補間においては,$4(n-1)$ の未知数を求めることになる.ここで,この 8 元連立方程式を Gauss の消去法または LU 分解などを用いて解いて,$a_1, b_1, c_1, d_1, a_2, b_2, c_2, d_2$ を求めると,

$$a_1 = 1, b_1 = -3, c_1 = 1, d_1 = 4,$$
$$a_2 = -0.5, b_2 = 6, c_2 = -17, d_2 = 16$$

となる.よって,区間 $[1, 2]$ におけるスプライン関数 $s_1(x)$ は

$$s_1(x) = x^3 - 3x^2 + x + 4$$

となり,そして,区間 $[2, 4]$ におけるスプライン関数 $s_1(x)$ は

$$s_2(x) = -0.5x^3 + 6x^2 - 17x + 16$$

となる.

次に,$[-\infty, 1]$ におけるスプライン関数 $s_0(x)$ を求める.$s_0(x)$ は,1 次関数 $\alpha_1 x + \beta_1$ となるが,α_1 は $x = 1$ における 1 次微分係数となる.よって,$s_1'(x) = 3a_1 x^2 + 2b_1 x + c_1 = 3x^2 - 6x + 1$ から,

$$\alpha_1 = s_1'(1) = 3 \times 1 \times 1^2 + 2 \times (-3) \times 1 + 1 = -2$$

となる.また,$\alpha_1 x_0 + \beta_1 = f(x_0) = f(x_0)$ より,

$$\beta_1 = f(1) - 1 \times \alpha_1 = 3 - 1 \times (-2) = 5$$

4.4 スプライン補間

となる。よって，$s_0(x)$ は

$$s_0(x) = -2x + 5$$

となる。

同様にして，$[4, \infty]$ におけるスプライン関数 $s_3(x)$ を求めることができる。$s_3(x) = \alpha_2 x + \beta_2$ とすると，$s'_2(x) = 3a_2 x^2 + 2b_2 x + c_2 = 1.5x^2 + 12x - 17$ から，

$$\alpha_2 = s'_2(4) = 3 \times (-0.5) \times 4^2 + 12 \times 4 - 17 = 7$$
$$\beta_2 = f(4) - 4 \times \alpha_2 = 12 - 4 \times 7 = 16$$

となる。よって，$s_0(x)$ は

$$s_3(x) = 7x - 16$$

となる。

なお，スプライン補間では，端末条件に依存した補間多項式が得られるので，別のアルゴリズムも考えられる。また，スプライン補間によりいくつかの区間から得られた補間多項式をなめらかにつなぎ曲線を描画することが可能であり，この手法は CG などの分野で応用されている。次のプログラム JAN403.java は，スプライン補間プログラムである。

```
 1: // 4.3    スプライン補間
 2: import java.io.*;
 3: public class JAN403
 4: {
 5:     public static void main(String args[]) throws IOException
 6:     {
 7:         int n,n2,cnt1,cnt2,ret;
 8:         String s;
 9:         double a1,a2;
10:         InputStreamReader in = new InputStreamReader(System.in);
11:         BufferedReader br = new BufferedReader(in);
12:         System.out.print("点の数を入力して下さい。   ");
13:         s = br.readLine();
```

第4章 補間

```
14:        n = Integer.valueOf(s).intValue();
15:        n2 = (n - 1) * 4;
16:        double[][] a = new double[n2][n2+1];
17:        double[] x = new double[n];
18:        double[] y = new double[n];
19:        for(cnt1 = 1; cnt1 < n+1; cnt1++)
20:        {
21:          while(true)
22:          {
23:            System.out.print(cnt1+"番目の x を入力して下さい。");
24:            s = br.readLine();
25:            x[cnt1-1] = Double.valueOf(s).doubleValue();
26:            for(cnt2 = 0; cnt2 < cnt1-1; cnt2++)
27:            {
28:                if(x[cnt2] == x[cnt1-1])
29:                {
30:                    break;
31:                }
32:            }
33:            if(cnt2 == cnt1-1)
34:            {
35:                break;
36:            }
37:          }
38:          System.out.print(cnt1+"番目のf(x)を入力して下さい。");
39:          s = br.readLine();
40:          y[cnt1-1] = Double.valueOf(s).doubleValue();
41:        }
42:        for(cnt1 = 0; cnt1 < n2; cnt1++)
43:        {
44:            for(cnt2 = 0; cnt2 < n2+1; cnt2++)
45:            {
46:                a[cnt1][cnt2] = 0;
47:            }
48:        }
49:        spline(n,a,x,y);
50:        ret = LU_fac(n2,a);
51:        if(ret != 1)
52:        {
53:            forward_sub(n2, a);
```

4.4 スプライン補間

```
54:         backward_sub(n2, a);
55:         a1 = 0;
56:         for(cnt1 = 1; cnt1 < 4; cnt1++)
57:         {
58:             a1 += a[cnt1][n2] * cnt1 * Math.pow(x[0], cnt1-1);
59:         }
60:         a2 = y[0] - x[0]*a1;
61:         if(a1 != 0)
62:         {
63:             if(a1 != 1)
64:             {
65:                 System.out.print(a1);
66:             }
67:             System.out.print("x");
68:             if(a2 > 0)
69:             {
70:                 System.out.print("+");
71:             }
72:             if(a2 != 0)
73:             {
74:                 System.out.print(a2);
75:             }
76:         }
77:         else
78:         {
79:             System.out.print(a2);
80:         }
81:         System.out.println(" [ ～ "+x[0]+"]");
82:         for(cnt1 = 0; cnt1 < n-1; cnt1++)
83:         {
84:             for(cnt2 = 3; cnt2 >= 0; cnt2--)
85:             {
86:                 if(a[cnt1*4+cnt2][n2] != 0)
87:                 {
88:                     if(a[cnt1*4+cnt2][n2] > 0 && cnt2 != 3)
89:                     {
90:                         System.out.print("+");
91:                     }
92:                     if(a[cnt1*4+cnt2][n2]!=1)
93:                     {
```

第4章 補間

```
 94:                    System.out.print(a[cnt1*4+cnt2][n2]);
 95:                }
 96:                if(cnt2 != 0)
 97:                {
 98:                    System.out.print("x");
 99:                    if(cnt2 != 1)
100:                    {
101:                        System.out.print("^"+cnt2);
102:                    }
103:                }
104:            }
105:        }
106:        System.out.println(" ["+x[cnt1]+","+x[cnt1+1]+"]");
107:    }
108:    a1 = 0;
109:    for(cnt1 = 1; cnt1 < 4; cnt1++)
110:    {
111:        a1 += a[n2-4+cnt1][n2]*cnt1*Math.pow(x[n-1],cnt1-1);
112:    }
113:    a2 = y[n-1] - x[n-1] * a1;
114:    if(a1 != 0)
115:    {
116:        if(a1!=1)
117:        {
118:            System.out.print(a1);
119:        }
120:        System.out.print("x");
121:        if(a2 > 0)
122:        {
123:            System.out.print("+");
124:        }
125:        if(a2 != 0)
126:        {
127:            System.out.print(a2);
128:        }
129:    }
130:    else
131:    {
132:        System.out.print(a2);
133:    }
```

4.4 スプライン補間

```
134:            System.out.println("  ["+x[n-1]+" ～ ]");
135:        }
136:    }
137:    static void spline(int n,double a[][],double x[],double y[])
138:    {
139:        int cnt1, cnt2;
140:        for(cnt1 = 0; cnt1 < n-1; cnt1++)
141:        {
142:            for(cnt2 = 0; cnt2 < 4; cnt2++)
143:            {
144:                a[cnt1*2][cnt1*4+cnt2] = Math.pow(x[cnt1],cnt2);
145:                a[cnt1*2+1][cnt1*4+cnt2] = Math.pow(x[cnt1+1],cnt2);
146:            }
147:            a[cnt1*2][(n-1)*4] = y[cnt1];
148:            a[cnt1*2+1][(n-1)*4] = y[cnt1+1];
149:        }
150:        for(cnt1 = 0; cnt1 < n-2; cnt1++)
151:        {
152:         for(cnt2 = 1; cnt2 < 4; cnt2++)
153:          {
154:           a[cnt1+(n-1)*2][cnt1*4+cnt2] = cnt2*Math.pow(x[cnt1+1],cnt2-1);
155:            a[cnt1+(n-1)*2][cnt1*4+4+cnt2] = -cnt2*Math.pow(x[cnt1+1],cnt2-1);
156:          }
157:        }
158:        for(cnt1 = 0; cnt1 <n-2; cnt1++)
159:        {
160:         for(cnt2 = 2; cnt2 < 4; cnt2++)
161:         {
162:            a[cnt1+(n-1)*2+(n-2)][cnt1*4+cnt2] = cnt2*(cnt2-1)*Math.pow(x[cnt1+1],cnt2-2);
163:            a[cnt1+(n-1)*2+(n-2)][cnt1*4+4+cnt2] = -cnt2*(cnt2-1)*Math.pow(x[cnt1+1],cnt2-2);
164:         }
165:        }
166:        for(cnt1 = 2; cnt1 < 4; cnt1++)
167:        {
168:           a[(n-1)*2+(n-2)*2][cnt1] = cnt1*(cnt1-1)*Math.pow(x[0],cnt1-2);
```

第4章 補間

```
169:           a[(n-1)*2+(n-2)*2+1][(n-2)*4+cnt1] = cnt1*(cnt1-1)*
      Math.pow(x[n-1],cnt1-2);
170:        }
171:     }
172:     static int LU_fac(int n,double a[][])
173:     {
174:        int cnt1,cnt2,cnt3;
175:        for(cnt1 = 0; cnt1 < n; cnt1++)
176:        {
177:           pivot(cnt1,n,a);
178:           if(a[cnt1][cnt1] == 0.0)
179:           {
180:              System.out.println("解なし");
181:              return(1);
182:           }
183:           for(cnt2 = cnt1+1; cnt2 < n; cnt2++)
184:           {
185:              a[cnt1][cnt2] /= a[cnt1][cnt1];
186:           }
187:           for(cnt2 = cnt1+1; cnt2 < n; cnt2++)
188:           {
189:              for(cnt3 = cnt1+1; cnt3 < n; cnt3++)
190:              {
191:                 a[cnt2][cnt3] -= a[cnt1][cnt3]*a[cnt2][cnt1];
192:              }
193:           }
194:        }
195:        return(0);
196:     }
197:     static void forward_sub(int n,double a[][])
198:     {
199:        int cnt1, cnt2;
200:        for(cnt1 = 0; cnt1 < n; cnt1++)
201:        {
202:          for(cnt2 = 0; cnt2 < cnt1; cnt2++)
203:          {
204:              a[cnt1][n] -= a[cnt2][n]*a[cnt1][cnt2];
205:          }
206:          a[cnt1][n] /= a[cnt1][cnt1];
207:        }
```

```
208:    }
209:    static void backward_sub(int n,double a[][])
210:    {
211:        int cnt1,cnt2;
212:        for(cnt1 = n-2; cnt1 >= 0; cnt1--)
213:        {
214:            for(cnt2 = cnt1+1; cnt2 < n; cnt2++)
215:            {
216:                a[cnt1][n] -= a[cnt2][n]*a[cnt1][cnt2];
217:            }
218:        }
219:    }
220:    static void pivot(int cnt1,int n, double a[][])
221:    {
222:        int cnt2,max_num;
223:        double max,temp;
224:        max = Math.abs(a[cnt1][cnt1]);
225:        max_num = cnt1;
226:        if(cnt1 != n-1)
227:        {
228:            for(cnt2 = cnt1+1; cnt2 < n; cnt2++)
229:            {
230:                if(Math.abs(a[cnt2][cnt1]) > max)
231:                {
232:                    max = Math.abs(a[cnt2][cnt1]);
233:                    max_num = cnt2;
234:                }
235:            }
236:        }
237:        if(max_num != cnt1)
238:        {
239:            for(cnt2 = 0; cnt2 < n+1; cnt2++)
240:            {
241:                temp = a[cnt1][cnt2];
242:                a[cnt1][cnt2] = a[max_num][cnt2];
243:                a[max_num][cnt2] = temp;
244:            }
245:        }
246:    }
247: }
```

第 4 章　補間

　10-41 行は，補間点の入力処理である。49 行でスプライン補間を行うメソッド spline が呼ばれている。50-60 行で LU 分解を用いた連立方程式の解が求められスプライン関数が計算され結果が表示される。61-170 行では端点のスプライン関数の計算と表示が行われている。JAN403.java を実行すると，次のような結果が得られる。

```
点の数を入力して下さい。　3
1番目の x を入力して下さい。1
1番目の f(x) を入力して下さい。3
2番目の x を入力して下さい。2
2番目の f(x) を入力して下さい。2
3番目の x を入力して下さい。4
3番目の f(x) を入力して下さい。12
-2.0x+5.0 [ 〜 1.0]
x^3-3.0x^2+x+4.0 [1.0,2.0]
-0.5x^3+6.0x^2-17.0x+16.0 [2.0,4.0]
7.0x-16.0 [4.0 〜 ]
```

第5章 代数方程式

5.1 代数方程式の解法

代数方程式 (algebraic equation) は，次の n 次多項式で表される。

$$f(x) = a_n x^n + a_{n-1} x^{n-1} + .. + a_1 x + a_0 = 0$$

代数方程式の解を解析的に求めることは，19世紀における数学の重要な問題の一つであった。ここで，「解析的に求める」とは，代数方程式の係数から四則演算とべき解を求める演算を有限回行うことにより，代数方程式の解を求めることを意味する。Gauss は，複素数の範囲では複素係数を持つ n 次式は1次式の積に分解できるという，いわゆる代数学の基本定理を証明している。代数学の基本定理から5次以上の代数方程式の解は解析的には求められないことが知られている。すなわち，4次までの代数方程式には解の公式が知られている。

定理 5.1 (代数学の基本定理)
n 次代数方程式は複素数体内に，重複を含めて n 個の解 $\alpha_1, \alpha_2, ..., \alpha_n$ を持つ。

1次方程式 $a_1 x + a_0 = 0$ の解は，

$$x = -\frac{a_0}{a_1}$$

で求められる $(a_1 \neq 0)$。

2次方程式 $a_2 x^2 + a_1 x + a_0 = 0$ の解は，

$$x = \frac{-a_1 \pm \sqrt{a_1^2 - 4 a_0 a_2}}{2 a_2}$$

で求められる。ここで，根号内の式 D は判別式と言われ，

第5章 代数方程式

$D > 0$: α_1, α_2 は実根
$D = 0$: $\alpha_1 = \alpha_2$ で重根
$D < 0$: α_1, α_2 は複素共役根

となる。

また，4次方程式の解の公式は Cardano 法，5次方程式の解の公式は Ferrari 法と言われている。

しかし，一般には代数方程式を解析的に解くことはできないので，数値計算が有用となる。実際，代数方程式の解は非線形方程式の解法により求めることができる。実係数を持つ多項式の解は実数または共役複素数であることが知られている。しかし，実用的には実数解を求めることが非常に重要になっている。

もっとも単純な解法は，**Newton 法** (Newton's method) を用いることである (赤間 (1999) 参照)。すなわち，

$$x_{k+1} = x_k - \frac{f(x_k)}{f'(x_k)}$$

の形の反復式を利用することである。

さて，いくつかの代数方程式のための固有の解法も知られており，主なものを次節以降紹介する。なお，本書では代数方程式の実数解の解法のみを対象とする。したがって，掲載プログラムは複素数解を求めることはできない。

5.2 Bailey 法

Bailey (ベイリー) 法は，$(n$ 次代数$)$ 方程式 $f(x) = 0$ の両辺に適当な関数 $g(x)$ を掛けて

$$f(x)g(x) = 0$$

とし $x = x_0$ の時に $(fg)'' = 0$ になるようにする。ただし，$g(x) \neq 0$ とする。ここで，$x = x_0, f''g + 2f'g' + fg'' = 0$ の時，$f(x_0) = 0$ であるから，

$$f''g + 2f'g' = 0, \; \frac{g'}{g} = -\frac{f''}{2f'},$$

5.2 Bailey 法

を満足する g を見つければ良い。よって，これを g に関する微分方程式と解釈し，両辺を積分すると，

$$\log g = -\frac{1}{2}\log f' + C$$

となる。ただし，C は積分定数である。よって，

$$g^2 f' = C, \ g = \frac{C}{\sqrt{|f'|}}$$

が成り立つ。なお，Bailey 法は Lambert 法とも言われる。

Bailey 法のアルゴリズム

$$x_{k+1} = x_k - \frac{f(x_k)g(x_k)}{f(x_k)g'(x_k) + f'(x_k)g(x_k)}$$

となる。ここで，右辺の第 2 項の分母，分子を $f(x_k)g(x_k)$ で割り，(1) を用いると，次のようになる。

$$x_{k+1} = x_k - \frac{1}{\dfrac{f''(x_k)}{2f'(x_k)} - \dfrac{f'(x_k)}{f(x_k)}}$$

たとえば，

$$x^2 - 2 = 0$$

を Bailey 法で解くためには，初期値を $x_0 = 2$ とすると，反復公式は

$$x_{k+1} = x_k + \frac{1}{\dfrac{2}{2 \times 2x_k} - \dfrac{2x_k}{x_k^2 - 1}} = \frac{6 + x_k^2}{3x_k^2 + 2}x_k$$

となる。よって，

$$x_1 = \frac{6 + 2^2}{3 \times 2^2 + 2} \times 2 = \frac{10}{7} = 1.428571428...$$

$$x_2 = \frac{6 + \left(\dfrac{10}{7}\right)^2}{3 \times \left(\dfrac{10}{7}\right)^2 + 2} \times \frac{10}{7} = \frac{1970}{1393} = 1.414213926...$$

第5章 代数方程式

$$x_3 = \frac{6 + \left(\frac{1970}{1393}\right)^2}{3 \times \left(\frac{1970}{1393}\right)^2 + 2} \times \frac{1970}{1393} = \frac{15290740090}{10812186007} = 1.414213562...$$

が得られる。次のプログラム JAN501.java は，Bailey 法のプログラムである。

```
 1: // 5.1   Bailey 法
 2: import java.io.*;
 3: public class JAN501
 4: {
 5:     public static void main(String args[]) throws IOException
 6:     {
 7:         int n, m, cnt;
 8:         String s;
 9:         double eps, x, next;
10:         InputStreamReader in = new InputStreamReader(System.in);
11:         BufferedReader br = new BufferedReader(in);
12:         System.out.print("何次式ですか？   ");
13:         s = br.readLine();
14:         n = Integer.valueOf(s).intValue();
15:         double[] a = new double[n+1];
16:         for(cnt = n; cnt >= 0; cnt--)
17:         {
18:             System.out.print(cnt+"次の係数を入力して下さい。");
19:             s = br.readLine();
20:             a[cnt] = Double.valueOf(s).doubleValue();
21:         }
22:         System.out.print("繰り返し回数を入力して下さい。");
23:         s = br.readLine();
24:         m = Integer.valueOf(s).intValue();
25:         System.out.print("初期値を入力して下さい。");
26:         s = br.readLine();
27:         x = Double.valueOf(s).doubleValue();
28:         eps = 1.0e-15;
29:         for(cnt = 0; cnt <= m; cnt++)
30:         {
31:             System.out.println("["+cnt+"]    "+x);
32:             next = 1/(bailey(n,2,a,x) / (2*bailey(n,1,a,x))
33:                     - bailey(n,1,a,x) / bailey(n,0,a,x));
34:             if(Math.abs(next) < eps)
```

5.2 Bailey 法

```
35:            {
36:                break;
37:            }
38:            x += next;
39:        }
40:    }
41:    static double bailey(int n, int f, double a[], double x)
42:    {
43:        int cnt1, cnt2;
44:        double sum;
45:        sum = 0;
46:        for(cnt1 = f; cnt1 <= n; cnt1++)
47:        {
48:            sum += a[cnt1] * Math.pow(x, cnt1-f);
49:            for(cnt2 = 0; cnt2 < f; cnt2++)
50:            {
51:                sum *= cnt1 - cnt2;
52:            }
53:        }
54:        return(sum);
55:    }
56: }
```

10-21 行は方程式の入力処理であり，n 次項の係数が入力される。22-28 行は，繰り返し回数と初期値の入力処理である。また，Bailey 法の繰り返し処理は 28-39 行で行われている。なお，41-55 行で $f^{(n)}(x)$ を計算する bailey が定義されている。プログラム JAN501.java を実行すると，次のような結果が得られる。

```
何次式ですか？   2
2次の係数を入力して下さい。1
1次の係数を入力して下さい。0
0次の係数を入力して下さい。-2
繰り返し回数を入力して下さい。20
初期値を入力して下さい。2.0
[0]    2.0
[1]    1.4285714285714286
[2]    1.4142139267767408
[3]    1.414213562373095
```

第5章 代数方程式

5.3 Bernoulli 法

Bernoulli 法 (Bernoulli's method) では，まず，方程式

(1) $a_n x^n + a_{n-1} x^{n-1} + ... + a_1 x + a_0 = 0$

において，n 個の値 $y_1, y_2, ..., y_n$ を出発点として選び，$k = n, n+1, ...$ の順に

$$x_{k+1} = -\frac{a_n y_k + a_{n-1} y_{k-1} + ... + a_0 y_{k-n+1}}{a_n}$$

を計算し，

$$x_k = \frac{y_{k+1}}{y_k}$$

を作る。そうすると，x_k は方程式 (1) の絶対値最大の解に収束する。ここで，解の概略値 $\bar{x}$ が分かっていれば，出発値を $y_i = \overline{x_i}$ とする ($i = 1, 2, ..., n$)。もし，解の概略値に関する情報がなければすべて 1，または，$y_n = 1$ で他はすべて 0 とする。たとえば，方程式

$$x^2 + x - 6 = 0$$

の解を Bernoulli 法で求めると，次のようになる。

$y_1 = 0 = x_1$
$y_2 = 1 = x_2$
$y_3 = -\dfrac{(1 \times 1 + (-6) \times 0)}{1} = -1$
$x_2 = \dfrac{y_3}{y_2} = \dfrac{-1}{1} = -1$
$y_4 = -\dfrac{(1 \times (-1) + (-6) \times 1)}{1} = 7$
$x_3 = \dfrac{y_4}{y_3} = \dfrac{7}{-1} = -7$
$y_5 = -\dfrac{1 \times 7 + (-6) \times (-1)}{1} = -13$
$x_4 = \dfrac{y_5}{y_4} = -\dfrac{13}{7} = -1.857142857143...$

5.3 Bernoulli 法

$$y_6 = -\frac{(1 \times (-13) + (-6) \times 7)}{1} = 55$$

$$x_5 = \frac{y_6}{y_5} = \frac{55}{-13} = -4.230769230769\ldots$$

$$y_7 = -\frac{1 \times 55 + (-6) \times (-13)}{1} = -133$$

$$x_6 = \frac{y_7}{y_6} = \frac{-133}{55} = -2.418181818182\ldots$$

$$y_8 = -\frac{1 \times (-133) + (-6) \times 55}{1} = 463$$

$$x_7 = \frac{y_8}{y_7} = \frac{463}{-133} = -3.481203007519\ldots$$

$$y_9 = -\frac{(1 \times 463 + (-6) \times (-133))}{1} = -1261$$

$$x_8 = \frac{y_9}{y_8} = \frac{-1261}{463} = -2.723542116631\ldots$$

$$y_{10} = -\frac{(1 \times (-1261) + (-6) \times 463)}{1} = 4039$$

$$x_9 = \frac{y_{10}}{y_9} = \frac{4039}{-1261} = -3.203013481364\ldots$$

$$y_{11} = -\frac{(1 \times 4039 + (-6) \times (-1261))}{1} = -11605$$

$$x_{10} = \frac{y_{11}}{y_{10}} = \frac{-11605}{4039} = -2.8732359492\ldots$$

次のプログラム JAN502.java は，Bernoulli 法のプログラムである．

```
 1: // 5.2   Bernoulli 法
 2: import java.io.*;
 3: public class JAN502
 4: {
 5:     public static void main(String args[]) throws IOException
 6:     {
 7:         int n, cnt1, cnt2;
 8:         String s;
 9:         double eps;
10:         InputStreamReader in = new InputStreamReader(System.in);
```

第5章　代数方程式

```
11:          BufferedReader br = new BufferedReader(in);
12:          System.out.print("何次式ですか？　");
13:          s = br.readLine();
14:          n = Integer.valueOf(s).intValue();
15:          double[] a = new double[n+1];
16:          double[] x = new double[101];
17:          double[] y = new double[101];
18:          for(cnt1 = n; cnt1 >= 0; cnt1--)
19:          {
20:              System.out.print(cnt1+"次の係数を入力して下さい。");
21:              s = br.readLine();
22:              a[cnt1] = Double.valueOf(s).doubleValue();
23:          }
24:          for(cnt1 = 0; cnt1 < n; cnt1++)
25:          {
26:              x[cnt1] = 0;
27:              y[cnt1] = 0;
28:          }
29:          x[n-1] = 1;
30:          y[n-1] = 1;
31:          eps = 1.0e-15;
32:          for(cnt1 = n; cnt1 <= 100; cnt1++)
33:          {
34:              for(cnt2 = 0; cnt2 < n; cnt2++)
35:              {
36:                  y[cnt1] += a[n-1-cnt2] * y[cnt1-1-cnt2];
37:              }
38:              y[cnt1] /= -a[n];
39:              x[cnt1] = y[cnt1] / y[cnt1-1];
40:              System.out.println("["+cnt1+"]　"+x[cnt1]);
41:              if(Math.abs(x[cnt1]-x[cnt1-1]) < eps)
42:              {
43:                  break;
44:              }
45:          }
46:      }
47: }
```

　10-23 行は，方程式の入力処理である。24-30 行は反復の出発値の設定である。32-45 行は反復公式の計算であり，最大繰り返し回数は 100 となっている。

114

5.3 Bernoulli 法

プログラム JAN502.java を実行すると，次のような結果が得られる．

```
何次式ですか？  2
2 次の係数を入力して下さい。1
1 次の係数を入力して下さい。1
0 次の係数を入力して下さい。-6
[2]    -1.0
[3]    -7.0
[4]    -1.8571428571428572
[5]    -4.230769230769231
[6]    -2.418181818181818
[7]    -3.481203007518797
[8]    -2.7235421166306697
[9]    -3.203013481363997
[10]   -2.8732359494924484
[11]   -3.0882378285221885
[12]   -2.9428555484249004
[13]   -3.0388360560923116
[14]   -2.974440176847019
[15]   -3.0171863084367527
[16]   -2.98860772476085
[17]   -3.007623800972449
[18]   -2.9949303493542088
[19]   -3.0033854881779702
[20]   -2.997745552017018
[21]   -3.00150409562377
[22]   -2.9989977720663696
[23]   -3.0006683752438668
[24]   -2.9995545157543027
[25]   -3.000297033605062
[26]   -2.9998019972011205
[27]   -3.0001320105787412
[28]   -2.9999119968199564
[29]   -3.0000586705077597
[30]   -2.999960887093085
[31]   -3.000026075611241
[32]   -2.9999826164102688
[33]   -3.0000115891269745
[34]   -2.9999922739451965
[35]   -3.0000051507164676
[36]   -2.9999965661949175
[37]   -3.0000022892060088
[38]   -2.9999984738638252
[39]   -3.000001017424634
```

第5章 代数方程式

```
[40]   -2.9999993217171412
[41]   -3.000000452188675
[42]   -2.9999996985409285
[43]   -3.000000200972734
[44]   -2.999999866018186
[45]   -3.000000089321213
[46]   -2.999999940452526
[47]   -3.0000000396983166
[48]   -2.999999973534456
[49]   -3.0000000176436963
[50]   -2.999999988237536
[51]   -3.000000007841643
[52]   -2.999999994772238
[53]   -3.000000003485175
[54]   -2.9999999976765506
[55]   -3.0000000015489663
[56]   -2.999999998967356
[57]   -3.0000000006884298
[58]   -2.999999999541047
[59]   -3.000000000305969
[60]   -2.999999999796021
[61]   -3.000000000135986
[62]   -2.9999999999093427
[63]   -3.0000000000604383
[64]   -2.9999999999597082
[65]   -3.0000000000268616
[66]   -2.9999999999820925
[67]   -3.0000000000119385
[68]   -2.999999999992041
[69]   -3.000000000005306
[70]   -2.999999999996463
[71]   -3.000000000002358
[72]   -2.999999999998428
[73]   -3.000000000001048
[74]   -2.9999999999993014
[75]   -3.000000000000466
[76]   -2.9999999999996896
[77]   -3.0000000000002074
[78]   -2.9999999999998623
[79]   -3.000000000000092
[80]   -2.9999999999999387
[81]   -3.0000000000000404
[82]   -2.999999999999973
[83]   -3.000000000000018
```

```
[84]    -2.999999999999988
[85]    -3.000000000000008
[86]    -2.9999999999999942
[87]    -3.000000000000004
[88]    -2.999999999999998
[89]    -3.0000000000000018
[90]    -2.9999999999999987
[91]    -3.000000000000001
[92]    -2.9999999999999996
[93]    -3.0000000000000004
```

5.4 DKA 法

代数方程式すべての根を求める有効な方法の一つとして **DKA 法** (DKA method) があり，近年注目されている．DKA 法は，Durand, Kerner, Aberth により提案された解法であり，代数方程式

$$f(x) = a_n x^n + a_{n-1} x^{n-1} + ... + a_1 x + a_0 = 0$$

の n 個の根の計算を同時に行う方法であり，Newton 法の拡張と解釈される．周知のように，$f(x) = 0$ の解は Newton 法の反復公式

$$x^{(j+1)} = x^{(j)} - \frac{f(x^{(j)})}{f'(x^{(j)})}$$

より求められる．今，$f(x) = 0$ の解を $\alpha_1, ..., \alpha_n$ とすると，

$$f(x) = (x - \alpha_1)(x - \alpha_2)...(x - \alpha_n)$$

となる．ここで，$x_k^{(j)}$ は α_k に近く，また，$f'(x_k^{(j)})$ は

$$\prod_{m=1, m \neq k}^{n} (x_k^{(j)} - x_m^{(j)})$$

で近似することができる．これらの事実を利用した方法が DKA 法である．

第5章　代数方程式

DKA 法のアルゴリズム

$$z_k^{(i+1)} = z_k^{(i)} - \frac{f(z_k^{(i)})}{\prod_{j=1, j \neq k}^{n} z_k^{(i)} - z_j^{(i)}}$$

ただし，$k = 1, 2, ..., n$ とする。ここで，右肩の (i) は第 i 近似値を表す。また，右下の k は n 個の根の中の k 番目の根を表す。

なお，出発値 $z_1^{(0)}, z_2^{(0)}, ..., z_n^{(0)}$ としては全部の根を含むような円（複素平面の）の周の n 等分点を取るのが良いとされている。たとえば，次の方程式

$$x^2 - x - 6 = (x - 3)(x + 2) = 0$$

の解を DKA 法で求めてみよう。

$$z_1^{(0)} = 1,$$
$$z_2^{(0)} = 2,$$
$$z_1^{(1)} = 1 - \frac{-6}{-1} = -5,$$
$$z_1^{(1)} = 2 - \frac{-4}{1} = 6,$$
$$z_1^{(2)} = -5 - \frac{24}{-11} = -\frac{31}{11} = -2.8181818...,$$
$$z_2^{(2)} = 6 - \frac{24}{11} = \frac{42}{11} = 3.8181818...$$
$$z_1^{(3)} = -\frac{31}{11} - \frac{576/121}{-73/11} = \frac{1687}{803} = -2.1008717...$$
$$z_2^{(3)} = \frac{42}{11} - \frac{576/121}{73/11} = \frac{2490}{803} = 3.1008713...$$

次のプログラム JAN503.java は，DKA 法のプログラムである。

```
1: // 5.3   DKA 法
2: import java.io.*;
3: public class JAN503
4: {
5:    public static void main(String args[]) throws IOException
6:    {
7:        int n, cnt1, cnt2, cnt3;
```

5.4 DKA 法

```
 8:     String s;
 9:     double eps;
10:     InputStreamReader in = new InputStreamReader(System.in);
11:     BufferedReader br = new BufferedReader(in);
12:     System.out.print("何次式ですか？");
13:     s = br.readLine();
14:     n = Integer.valueOf(s).intValue();
15:     double[] a = new double[n+1];
16:     double[] x = new double[n];
17:     double[] next = new double[n];
18:     for(cnt1 = n; cnt1 >= 0; cnt1--)
19:     {
20:         System.out.print(cnt1+"次の係数を入力して下さい。");
21:         s = br.readLine();
22:         a[cnt1]=Double.valueOf(s).doubleValue();
23:     }
24:     for(cnt1 = 0; cnt1 < n; cnt1++)
25:     {
26:         x[cnt1] = cnt1+1;
27:     }
28:     eps = 1.0e-15;
29:     for(cnt1 = 0; cnt1 <= 1000; cnt1++)
30:     {
31:         DKA(n,a,x,next);
32:         cnt3 = 0;
33:         for(cnt2 = 0; cnt2 < n; cnt2++)
34:         {
35:             if(Math.abs(next[cnt2] - x[cnt2]) < eps)
36:             {
37:                 cnt3++;
38:             }
39:             System.out.print(next[cnt2]+"\t");
40:             x[cnt2] = next[cnt2];
41:         }
42:         System.out.print("\n");
43:         if(cnt3 == n)
44:         {
45:             break;
46:         }
47:     }
```

第5章　代数方程式

```
48:      }
49:      static void DKA(int n, double a[], double x[], double next[])
50:      {
51:          int cnt1, cnt2;
52:          double work;
53:          for(cnt1 = 0; cnt1 < n; cnt1++)
54:          {
55:              work = 0;
56:              for(cnt2 = 0; cnt2 <= n; cnt2++)
57:              {
58:                  work += a[cnt2] * Math.pow(x[cnt1], cnt2);
59:              }
60:              for(cnt2 = 0; cnt2 < n; cnt2++)
61:              {
62:                  if(cnt2 != cnt1)
63:                  {
64:                      work /= x[cnt1] - x[cnt2];
65:                  }
66:              }
67:              next[cnt1] = x[cnt1] - work;
68:          }
69:      }
70: }
```

12-23 行は，方程式の入力処理である。49-69 行は，DKA 法を計算するメソッド DKA の定義である。プログラム JAN503.java を実行すると，次のような結果が得られる。

```
何次式ですか？2
2次の係数を入力して下さい。1
1次の係数を入力して下さい。-1
0次の係数を入力して下さい。-6
-5.0     6.0
-2.8181818181818183     3.8181818181818183
-2.1008717310087173     3.1008717310087173
-2.0019560953343802     3.0019560953343802
-2.000000764663490      3.00000076466349
-2.000000000000117      3.000000000000117
-2.0     3.0
-2.0     3.0
```

第6章 常微分方程式

6.1 常微分方程式の解法

微分方程式 (differential equation) は，導関数を含む方程式であり，シミュレーションなどのさまざまな分野で利用されている。独立変数 x の関数を $y(x)$，その導関数を $y', y'', ...$ とすると，$x, y, y', ..., y^{(n)}$ を含む方程式

$$F(x, y, y', ..., y^{(m)}) = 0 \tag{6.1}$$

は，微分方程式の一般形を表す。ここで，微分方程式に含まれる導関数の最高階数をその微分方程式の**階数** (oder) と言う。微分方程式 (6.1) を満足する m 個の定数を含む x と y の関係式は微分方程式の**一般解** (general solution)，m 個の定数にある値を与えて得られる解は**特殊解** (particular solution) と言われる。また，独立変数 x が $x = x_0$ の時の $y, y', ..., y^{(m-1)}$ の値 $y_0, y'_0, ..., y_0^{m-1}$ を初期条件と言い，初期条件を与えて微分方程式の特殊解を求める問題は初期値問題と言われる。

なお，独立変数が 1 個の微分方程式は**常微分方程式** (ordinary differential equation)，独立変数が 2 個以上の微分方程式は**偏微分方程式** (partial differential equation) と呼ばれる。微分方程式の解を解析的に求めることは，一般に困難であり，数値計算が用いられる。また，偏微分方程式の解の数値計算は難解であるので，以下では常微分方程式のみを扱う。

たとえば，力学における物体の自由落下は微分方程式で記述することができる。すなわち，時刻 t における高さを $h(t)$ とすると，速度は $h'(t)$，加速度は

第6章 常微分方程式

$h''(t)$ となる。ここで，空気抵抗を無視すると，

$$h''(t) = -g \tag{6.2}$$

が成り立つ。なお，g は重力加速度と呼ばれる定数である $g = 9.8\text{m/s}^2$。(2) を t で積分すると，

$$h'(t) = \int h''(t)dt = -gt + C \tag{6.3}$$

となる。ここで，C は積分定数を表す。(6.3) をもう一度積分すると，

$$h(t) = \int h'(t)dt = -\frac{1}{2}gt^2 + Ct + C' \tag{6.4}$$

となる。C' は積分定数である。(6.3) において $t = 0$ とすると，$C = h'(0)$ となるが，これは時刻 0 における速度を表す。一般に，これは v_0 と書くので，

$$C = h'(0) = v_0 \tag{6.5}$$

となる。一方，(6.4) において $t = 0$ とすると，$C' = h(0)$ となるが，これは時刻 0 における高さを表す。一般に，これは h_0 と書くので，

$$h(t) = \frac{1}{2}gt^2 + v_0 t + h_0 \tag{6.6}$$

となる。ここで，未知関数 $h(t)$ の導関数についての方程式 (6.2) は 2 階微分方程式で，(6.6) がその解となる。なお，初期条件は，v_0, h_0 により与えられる。

さて，微分方程式の数値計算では，(6.7) の形の**正規形** (normal form)

$$y^{(m)} = f(x, y, y', ..., y^{(m-1)}) \tag{6.7}$$

の微分方程式を扱うことが多い。

数学では，微分方程式の解の解析的な解法が研究されているが，解析的に解ける形の微分方程式は (6.7) の形の変数分離形などに限られており，実用的ではない。さらに，関数値がデータ表として与えられている場合には，解析的な解法は役に立たず，数値的解法が必要となる。

$$\frac{dy}{dx} = f(x)g(y) \tag{6.8}$$

変数分離形の微分方程式は，次のように解くことができる．まず，(6.8) を次の形に変形する．

$$\frac{dy}{g(y)} = f(x)dx \tag{6.9}$$

ここで，左辺は y について，右辺は x について積分すると，

$$\int \frac{dy}{g(y)} = f(x)dx \tag{6.10}$$

となるが変数分離形の微分方程式の一般解となる．

では，具体例を見てみよう．次の微分方程式

$$y' = xy$$

を解くためには，次のように変形する．

$$\frac{dy}{dx} = xy \quad \longrightarrow \quad \frac{dy}{y} = xdx$$

ここで，両辺を積分すると，

$$\int \frac{dy}{y} = \int xdx$$

となる．積分の公式から，

$$\ln|y| = \frac{1}{2}x^2 + C$$

となる．よって，解は $y = Ce^{\frac{1}{2}x^2}$ となる．ここで，C は任意の定数である．

6.2 Euler 法

もっとも単純な微分方程式の数値的解法は，**Euler（オイラー）法** (Euler method) である．今，微分方程式を

$$\frac{dy}{dx} = f(x,y)$$

とする．ここで，初期値 (x_0, y_0) においてその接線を求めると，

第6章 常微分方程式

$$y = f(x_0, y_0)(x - x_0) + y_0$$

となる。次に，(x_1, y_1) を求める。ただし，$x_1 = x_0 + h$ とする。$x = x_1$ により，y_1 を (x_0, y_0) の接線の方程式として求めることができる。すなわち，

$$y_1 = f(x_0, y_0)(x_1 - x_0) + y_0 = f(x_0, y_0)h + y_0$$

となる。この計算を一般化したのが Euler 法である。

Euler 法のアルゴリズム

$y_i = y(x_i), x_{i+1} = x_i + h$ とする。

$$y_{i+1} = f(x_i, y_i)h + y_i$$

ただし，初期条件は $y(x_0) = y_0$ である。よって，区間 $[x_0, x_n]$ において，$(x_0, y_0), (x_1, y_1), ..., (x_n, y_n)$ が計算され，これらの点を通る曲線が特殊解の解曲線になる。

では，上記の微分方程式

$$\frac{dy}{dx} = xy, \qquad y(0) = 1$$

を Euler 法で解いてみよう。なお，刻み幅 h は 0.1 とする。まず，初期条件から，$y(0) = 1$ となる。以下，上述の Euler 法のアルゴリズムから次のようになる。

$$y(0.1) = y(0) + 0.1 \times f(0, y(0)) = 1 + 0.1 \times (0 \times 1) = 1$$
$$y(0.2) = y(0.1) + 0.1 \times f(0.1, y(0.1)) = 1 + 0.1 \times (0.1 \times 1) = 1.01$$
$$y(0.3) = y(0.2) + 0.1 \times f(0.2, y(0.2)) = 1.01 + 0.1 \times 0.2 \times 1.01 = 1.0302$$
$$y(0.4) = y(0.3) + 0.1 \times f(0.3, y(0.3)) = 1.0302 + 0.1 \times 0.3 \times 1.0302 = 1.0611$$
...

次のプログラム `JAN601.java` は，Euler 法による微分方程式解法プログラムである。

6.2　Euler 法

```
 1: // 6.1    Euler 法
 2: // dy / dx = xy, y(0) = 1
 3: import java.io.*;
 4: public class JAN601
 5: {
 6:   public static void main(String args[]) throws Exception
 7:   {
 8:     double x, x0, y, y0, h;
 9:     String s;
10:     InputStreamReader in = new InputStreamReader(System.in);
11:     BufferedReader br = new BufferedReader(in);
12:     System.out.println("微分方程式 (Euler 法): dy / dx = xy, y(0) = 1");
13:     System.out.println("初期条件: x0 = 0.0, y0 = 1.0");
14:     x0 = 0.0;
15:     y0 = 1.0;
16:     System.out.println("刻み幅 h を入力して下さい。");
17:     System.out.print("h = ");
18:     s = br.readLine();
19:     h = Double.valueOf(s).doubleValue();
20:     for(x = 0.100, y = 0.00; x <= 0.500; x = x + 0.10)
21:     {
22:       while(x0 < x)
23:       {
24:         y = y0 + h * (x0 * y0);
25:         y0 = y;
26:         x0 = x0 + h;
27:       }
28:       System.out.println("y("+x+") = "+y);
29:     }
30:     System.out.println("真値:");
31:     for(x = 0.100; x <= 0.500; x = x + 0.10)
32:     {
33:       System.out.println("y("+x+") = "+Math.exp(x*x/2));
34:     }
35:   }
36: }
```

14-19 行は，初期条件の設定処理と刻み幅の入力処理である。20-29 行は，Euler 法による計算である。なお，扱う f(x,y) は 24 行のようにプログラム上に明

125

示的に記述する必要がある。また，30-34 行は，真値の表示処理である。なお，結果は x = 0.1 から x = 0.5 までを表示している。プログラム JAN601.java を実行すると，次のような結果が得られる。

```
微分方程式（Euler 法）: dy / dx = xy, y(0) = 1
初期条件: x0 = 0.0, y0 = 1.0
刻み幅 h を入力して下さい。
h = 0.01
y(0.1) = 1.0055132181657862
y(0.2) = 1.0191690740514545
y(0.30000000000000004) = 1.0444153842514503
y(0.4) = 1.0810118517853824
y(0.5) = 1.1300912410174089
真値:
y(0.1) = 1.005012520859401
y(0.2) = 1.0202013400267558
y(0.30000000000000004) = 1.046027859908717
y(0.4) = 1.0832870676749586
y(0.5) = 1.1331484530668263
```

ここで，Euler 法の誤差について考えてみよう。実際，$y(x)$ の Taylor 展開を考えると，

$$y(x+h) = y(x) + hy'(x) + \frac{h^2}{2}y''(x) + ...$$

となる。したがって，微分方程式を差分に直す際の誤差は

$$\frac{dy^{(i)}}{dx} = \frac{y_{n+1}^{(i)} - y_n^{(i)}}{h} + O(h^2)$$

となる。ここで，計算区間を a から b として n 等分すると，

$$h = \frac{b-a}{n}$$

となるので，$x = a$ から $x = b$ までの n ステップの誤差は

$$nO(h^2) = \frac{b-a}{h}O(h^2) = O(h)$$

となる。すなわち，刻み幅を半分にすれば誤差も半分になる。しかし，Euler 法では刻み幅をかなり小さくしなければ，精度の高い近似解を求めることはできない。また，刻み幅を小さくすると，計算量が増大し，また，計算誤差が蓄積する可能性がある。したがって，実用的な問題の計算には適していない。

6.3 修正 Euler 法

Euler 法は単純な計算で解を解を求めることができるが, 誤差が非常に大きい。しかし, そのアルゴリズムを修正することにより精度を向上させることができる。そのような修正法は, **修正 Euler 法** (improved Euler method) と呼ばれている。$y(x+h)$ の厳密値は, 定積分を用い次のように書くことができる。

$$y(x+h) = y(x) + \int_x^{x+h} f(x,y)dx \tag{6.11}$$

Euler 法は, 厳密値の式の積分項を次のように近似したものである。

$$\int_x^{x+h} f(x,y(x))dx \approx hf(x,y(x)) \tag{6.12}$$

この積分値の数値計算にはさまざまな方法があり, それらを利用したのが修正 Euler 法である[1]。たとえば, 台形公式を利用すると, 以下のようになる。

$$\int_x^{x+h} f(x,y(x))dx \approx \frac{f(x,y(x)) + f(x+h,y(x+h))}{2}h \tag{6.13}$$

なお, 中点公式などの他の数値積分公式を用いることもできる。しかし, 微分方程式の場合, 数値積分とは異なり被積分関数中に未知関数があり, (6.12) の左辺に予測すべき量が含まれている。よって, まず Euler 法により $y(x+h)$ の近似値 $\bar{y}$ を計算する。

$$\bar{y} = y(x) + hf(x,y(x)) \tag{6.14}$$

そして, (6.14) を (6.13) に代入すると, 修正 Euler 法の公式が得られる。

$$y(x+h) = y(x) + \frac{f(x,y(x)) + f(x+h,\bar{y})}{2}h$$

修正 Euler 法のアルゴリズム

$$\overline{y_{i+1}} = hf(x_i, y_i) + y_i$$
$$y_{i+1} = \frac{f(x_i, y_i) + f(x_{i+1}, \overline{y_{i+1}})}{2}h + y_i$$

---

[1] 数値積分については, 赤間 (1999) を参照されたい。

第6章 常微分方程式

ただし，$\overline{y_{i+1}}$ は $y(x_i + h)$ の Euler 法による近似値である．

次のプログラム JAN602.java は，修正 Euler 法による微分方程式解法プログラムである．

```
 1: // 6.2  修正 Euler 法
 2: // dy / dx = xy, y(0) = 1
 3: import java.io.*;
 4: public class JAN602
 5: {
 6:   public static void main(String args[]) throws Exception
 7:   {
 8:     double x, x0, y, y0, y1, h;
 9:     String s;
10:     InputStreamReader in = new InputStreamReader(System.in);
11:     BufferedReader br = new BufferedReader(in);
12:     System.out.println("微分方程式（修正 Euler 法）: dy / dx = xy, y(0) = 1");
13:     System.out.println("初期条件: x0 = 0.0, y0 = 1.0");
14:     x0 = 0.0;
15:     y0 = 1.0;
16:     System.out.println("刻み幅 h を入力して下さい。");
17:     System.out.print("h = ");
18:     s = br.readLine();
19:     h = Double.valueOf(s).doubleValue();
20:     for(x = 0.100, y = 0.00; x <= 0.500; x = x + 0.10)
21:     {
22:       while(x0 < x)
23:       {
24:         y1 = y0 + h * (x0 * y0);
25:         y = ((x0 * y0) + ((x0 + h) * y1)) * h / 2 + y0;
26:         y0 = y;
27:         x0 = x0 + h;
28:       }
29:       System.out.println("y("+x+") = "+y);
30:     }
31:     System.out.println("真値:");
32:     for(x = 0.100; x <= 0.500; x = x + 0.10)
33:     {
34:       System.out.println("y("+x+") = "+Math.exp(x*x/2));
35:     }
```

```
36: }
37: }
```

20-30 行の修正 Euler 法のアルゴリズムの記述の部分が JAN601.java と異なる。ここで，y_{i+1} の予測値は y1 に格納されている。プログラム JAN602.java を実行すると次のような結果が得られる。

```
微分方程式（修正 Euler 法）: dy / dx = xy, y(0) = 1
初期条件: x0 = 0.0, y0 = 1.0
刻み幅 h を入力して下さい。
h = 0.01
y(0.1) = 1.0060683237767722
y(0.2) = 1.0202013077625098
y(0.30000000000000004) = 1.046027785521052
y(0.4) = 1.0832868983811
y(0.5) = 1.1331480882736447
真値:
y(0.1) = 1.005012520859401
y(0.2) = 1.0202013400267558
y(0.30000000000000004) = 1.046027859908717
y(0.4) = 1.0832870676749586
y(0.5) = 1.1331484530668263
```

実行結果から，修正 Euler 法の計算結果の精度は Euler 法に比べ高くなっているのが分かる。Euler 法の誤差は $O(h)$ であるので，精度を高くするためには計算量が増大する。なお，修正 Euler 法の誤差は $O(h)$ である。すなわち，100 倍精度を上げるためには，10 倍の計算量で済むということになる。

6.4　Runge-Kutta 法

Runge-Kutta (ルンゲ・クッタ) 法 (Runge-Kutta method) は，Taylor 展開に基づいた数値的解法である。今，関数 $y(x)$ を $x = x_i$ で Taylor 展開すると

$$y(x) = y(x_i) + (x - x_i)y'(x_i) + \frac{(x - x_i)^2}{2!}y''(x_i) + ...$$

となる。ここで，$x = x_{i+1} = x_i + h$ とおくと，

$$y(x_{i+1}) = y(x_i) + hy'(x_i) + \frac{h^2}{2!}y''(x_i) + ...$$

第6章 常微分方程式

と書き直すことができる。そして,

$$k_1 = hf(x_i, y_i)$$
$$k_2 = hf(x_i + a_1h, y_i + b_1h)$$
$$k_3 = hf(x_i + a_2h, y_i + b_{21}k_1 + b_{22}k_2)$$
$$k_4 = hf(x_o + a_3h, y_i + b_{31}k_1 + b_{32}k_2 + b_{33}k_3)$$

と置き, 次の近似式

$$y_{i+1} = y_i + c_1k_1 + c_2k_2 + c_3k_3 + c_4k_4$$

により, 上記の展開式の h^4 の項までを一致させると, Runge-Kutta 法が得られる。正確は, これは 4 次の Runge-Kutta 法と言われる。なお, Runge-Kutta 法は

$$y(x+h) = y(x) + \int_x^{x+h} f(x, y(x))dx$$

の右辺の積分項を Simpson 公式を応用して次のように

$$y(x+h) = y(x) + \frac{1}{6}(f(x,y(x)) + 4f\left(x+\frac{h}{2}, y\left(x+\frac{h}{2}\right)\right)$$
$$+ f(x+h, y(x+h)))$$

近似したものと解釈することもできる。

Runge-Kutta 法のアルゴリズム

初期条件を (x_0, y_0), 刻み幅を h とする。

$$x_{i+1} = x_i + h,$$
$$y_{i+1} = y_i + \frac{1}{6}(k_1 + 2k_2 + 2k_3 + k_4)$$

ただし, k_1, k_2, k_3, k_4 は次の通りである。

$$k_1 = f(x_i, y_i)h,$$
$$k_2 = f\left(x_i + \frac{h}{2}, y_i + \frac{k_1}{2}\right)h,$$

6.4 Runge-Kutta 法

$$k_3 = f\left(x_i + \frac{h}{2}, y_i + \frac{k_2}{2}\right)h,$$
$$k_4 = f(x_i + h, y_i + k_3)h$$

次のプログラム JAN603.java は，Runge-Kutta 法による微分方程式解法プログラムである．

```
 1: // プログラム 6.3   Runge-Kutta 法
 2: // dy / dx = xy, y(0) = 1
 3: import java.io.*;
 4: public class JAN603
 5: {
 6:   public static void main(String args[]) throws Exception
 7:   {
 8:     double x, x0, y, y0, h, k1, k2, k3, k4;
 9:     String s;
10:     InputStreamReader in = new InputStreamReader(System.in);
11:     BufferedReader br = new BufferedReader(in);
12:     System.out.println("微分方程式 (Runge-Kutta 法): dy / dx = xy, y(0) = 1");
13:     System.out.println("初期条件: x0 = 0.0, y0 = 1.0");
14:     x0 = 0.0;
15:     y0 = 1.0;
16:     System.out.println("刻み幅 h を入力して下さい．");
17:     System.out.print("h = ");
18:     s = br.readLine();
19:     h = Double.valueOf(s).doubleValue();
20:     for(x = 0.100, y = 0.00; x <= 0.500; x = x + 0.10)
21:     {
22:        while(x0 < x)
23:        {
24:           k1 = h * (x0 * y0);
25:           k2 = h * ((x0+(h/2.0)) * (y0+(k1/2.0)));
26:           k3 = h * ((x0+(h/2.0)) * (y0+(k2/2.0)));
27:           k4 = h * ((x0+h) * (y0+k3));
28:           y = y0 + (k1 + 2.0*k2 + 2.0*k3 + k4) / 6.0;
29:           y0 = y;
30:           x0 = x0 + h;
31:        }
32:        System.out.println("y("+x+") = "+y);
```

第6章 常微分方程式

```
33:        }
34:        System.out.println("真値:");
35:        for(x = 0.100; x <= 0.500; x = x + 0.10)
36:        {
37:            System.out.println("y("+x+") = "+Math.exp(x*x/2));
38:        }
39:    }
40: }
```

20-33 行は，Runge-Kutta 法の計算処理である．プログラム JAN603.java を実行すると，次のような結果が得られる．

```
微分方程式（Runge-Kutta 法）: dy / dx = xy, y(0) = 1
初期条件: x0 = 0.0, y0 = 1.0
刻み幅 h を入力して下さい．
h = 0.01
y(0.1) = 1.0060683382134104
y(0.2) = 1.020201340026752
y(0.30000000000000004) = 1.046027859908697
y(0.4) = 1.0832870676748736
y(0.5) = 1.1331484530665328
真値:
y(0.1) = 1.005012520859401
y(0.2) = 1.0202013400267558
y(0.30000000000000004) = 1.046027859908717
y(0.4) = 1.0832870676749586
y(0.5) = 1.1331484530668263
```

Runge-Kutta 法は，Euler 法より真値への収束が速い実用的な計算法として知られている．また，Runge-Kutta 法の誤差は Taylor 展開と同じであり，$O(h^4)$ である．

第7章 オブジェクト指向機能

7.1 クラス定義

　第1章で述べたように，Javaはオブジェクト指向型プログラミング言語である．よって，各種のオブジェクト指向機能を実現することができる．本書の今までの数値計算プログラムでは，基本的オブジェクト指向の考え方を前面に出していない．もちろん，Javaプログラム自体がクラスであり，メソッドにより計算は行われているが，従来の手続き型プログラミングのより数値計算は可能である．よって，オブジェクト指向が数値計算において有効であるかどうかが問題となる．オブジェクト指向数値計算の可能性や利点は，1.2節で論じた通りであるが，以下ではそれらについて具体的に見てみよう．なお，オブジェクト指向を含めたJava言語の文法の概要は，第8章で示すことにする．

　周知のように，**クラス** (class) は，**オブジェクト** (object) を抽象化したものである．従来のプログラミング言語の観点からすると，データ型はクラスに，そのデータ型の変数はオブジェクトに対応する．これは，いわゆる**抽象データ型** (abstract data type) の概念であり，オブジェクト指向プログラミング言語では，ユーザは新しいデータ型をクラスとして定義することができる．数値計算では，ベクトルや行列などの多様なデータを用いるが，これらをクラスとして定義することにより，より自然な形でオブジェクト指向プログラミングを実現することができる．なお，数値計算アルゴリズム自体をクラスとして定義することも可能であるが，ここではクラスによるデータ定義について説明する．

　たとえば，ベクトルや行列は配列として定義可能であり，それらの操作は配列を引数とするメソッドで行われる．次のプログラム JAN701.java は，行列

第7章 オブジェクト指向機能

d1, d2 の和と差を計算するプログラムである．なお，行列は 2 次元配列として定義されている．

```
 1: // 7.1    行列の加減算（配列版）
 2: import java.io.*;
 3: public class JAN701
 4: {
 5:   public static void main(String args[]) throws Exception
 6:   {
 7:     int n, m, i, j;
 8:     String s;
 9:     InputStreamReader in = new InputStreamReader(System.in);
10:     BufferedReader br = new BufferedReader(in);
11:     System.out.print("行数: m = ");
12:     s = br.readLine();
13:     m = Integer.valueOf(s).intValue();
14:     System.out.print("列数: n = ");
15:     s = br.readLine();
16:     n = Integer.valueOf(s).intValue();
17:     double[][] d1 = new double[m][n];
18:     double[][] d2 = new double[m][n];
19:     double[][] d3 = new double[m][n];
20:     double[][] d4 = new double[m][n];
21:     for(i = 0; i < m; i++)
22:     {
23:       for(j = 0; j < n; j++)
24:       {
25:         System.out.print("d1("+i+","+j+") = ");
26:         s = br.readLine();
27:         d1[i][j] = Double.valueOf(s).doubleValue();
28:       }
29:     }
30:     for(i = 0; i < m; i++)
31:     {
32:       for(j = 0; j < n; j++)
33:       {
34:         System.out.print("d2("+i+","+j+") = ");
35:         s = br.readLine();
36:         d2[i][j] = Double.valueOf(s).doubleValue();
37:       }
```

7.1 クラス定義

```
38:   }
39:   for(i = 0; i < m; i++)
40:   {
41:     for(j = 0; j < n; j++)
42:     {
43:       d3[i][j] = d1[i][j] + d2[i][j];
44:       d4[i][j] = d1[i][j] - d2[i][j];
45:     }
46:   }
47:   System.out.println("d1 + d2 = ");
48:   for(i = 0; i < m; i++)
49:   {
50:     for(j = 0; j < n; j++)
51:     {
52:       System.out.print(d3[i][j]+"\t");
53:     }
54:     System.out.print("\n");
55:   }
56:   System.out.print("\n");
57:   System.out.println("d1 - d2 = ");
58:   for(i = 0; i < m; i++)
59:   {
60:     for(j = 0; j < n; j++)
61:     {
62:       System.out.print(d4[i][j]+"\t");
63:     }
64:     System.out.print("\n");
65:   }
66: }
67: }
```

プログラムを実行すると，次のような結果が得られる．

```
行数: m = 2
列数: n = 2
d1(0,0) = 1
d1(0,1) = 2
d1(1,0) = 3
d1(1,1) = 4
d2(0,0) = 5
d2(0,1) = 6
d2(1,0) = 7
```

第7章 オブジェクト指向機能

```
d2(1,1) = 8
d1 + d2 =
6.0     8.0
10.0    12.0

d1 - d2 =
-4.0    -4.0
-4.0    -4.0
```

次に，このプログラムをオブジェクト指向の考え方に基づいて書き直してみよう．オブジェクト指向プログラミングでは，ユーザが独自のデータ型をクラスを用い定義することができる．ここでは，行列をクラス matrix で定義し，行列の和と差はそれぞれクラス内で定義されるメソッド add, sub で計算することにする．クラス matrix は，2次元配列を基本に定義されているが，1次元配列またはベクトルのクラスを基本に定義することもできる．

```
 1: // 7.2   行列の加減算 (クラス版)
 2: import java.io.*;
 3: public class JAN702
 4: {
 5:   public static void main(String args[]) throws Exception
 6:   {
 7:     int n, m, i, j;
 8:     String s;
 9:     InputStreamReader in = new InputStreamReader(System.in);
10:     BufferedReader br = new BufferedReader(in);
11:     System.out.print("行数: m = ");
12:     s = br.readLine();
13:     m = Integer.valueOf(s).intValue();
14:     System.out.print("列数: n = ");
15:     s = br.readLine();
16:     n = Integer.valueOf(s).intValue();
17:     double[][] array1 = new double[m][n];
18:     double[][] array2 = new double[m][n];
19:     for(i = 0; i < m; i++)
20:     {
21:       for(j = 0; j < n; j++)
22:       {
23:         System.out.print("d1("+i+","+j+") = ");
```

7.1 クラス定義

```
24:        s = br.readLine();
25:        array1[i][j] = Double.valueOf(s).doubleValue();
26:      }
27:    }
28:    matrix d1 = new matrix(array1,m,n);
29:    for(i = 0; i < m; i++)
30:    {
31:      for(j = 0; j < n; j++)
32:      {
33:        System.out.print("d2("+i+","+j+") = ");
34:        s = br.readLine();
35:        array2[i][j] = Double.valueOf(s).doubleValue();
36:      }
37:    }
38:    matrix d2 = new matrix(array2,m,n);
39:    System.out.println("d1 = ");
40:    d1.print(array1,m,n);
41:    System.out.println("d2 = ");
42:    d2.print(array2,m,n);
43:    System.out.println("d1 + d2 = ");
44:    d1.add(array1,array2,m,n);
45:    System.out.println("d1 - d2 = ");
46:    d1.sub(array1,array2,m,n);
47:  }
48: }
49: class matrix // 行列のクラス
50: {
51:   int i, j;
52:   matrix(double [][] array, int m, int n) {} // コンストラクタ
53:   public void print(double [][] array, int m, int n) // 行列出力
54:   {
55:     for(i = 0; i < m; i++)
56:     {
57:       for(j = 0; j < n; j++)
58:       {
59:         System.out.print(array[i][j]+"\t");
60:       }
61:       System.out.print("\n");
```

第7章 オブジェクト指向機能

```
62:      }
63:    }
64:    public void add(double [][] a, double [][] b, int m, int n)   // 行列の和
65:    {
66:      double [][] c = new double[m][n];
67:      for(i = 0; i < m; i++)
68:      {
69:        for(j = 0; j < n; j++)
70:        {
71:          c[i][j] = a[i][j] + b[i][j];
72:        }
73:      }
74:      for(i = 0; i < m; i++)
75:      {
76:        for(j = 0; j < n; j++)
77:        {
78:          System.out.print(c[i][j]+"\t");
79:        }
80:        System.out.print("\n");
81:      }
82:    }
83:    public void sub(double [][] a, double [][] b, int m, int n)   // 行列の差
84:    {
85:      double [][] c = new double[m][n];
86:      for(i = 0; i < m; i++)
87:      {
88:        for(j = 0; j < n; j++)
89:        {
90:          c[i][j] = a[i][j] - b[i][j];
91:        }
92:      }
93:      for(i = 0; i < m; i++)
94:      {
95:        for(j = 0; j < n; j++)
96:        {
97:          System.out.print(c[i][j]+"\t");
98:        }
99:        System.out.print("\n");
```

7.1 クラス定義

```
100:    }
101:   }
102: }
```

ここで，行列のクラス matrix は，49-102 行で定義されている。52 行は，コンストラクタであるが，具体的な定義はない。ただし，定義部分の {} は記述する必要がある。このクラスは 2 次元配列 array と行列の行数 m と列数 n が引数となっている。行列は 2 次元配列と解釈できるので，コンストラクタの引数によりオブジェクトは初期化される。53-64 行は，入力行列の表示を行うメソッド print の定義である。64-82 行は，行列の和を求めるメソッド add の定義である。83-102 行は，行列の差を求めるメソッド sub の定義である。これらのメソッドの引数は行列定義のための配列，行列の行数，列数になっている。

2-48 行は，クラス JAN702 の定義であり，実際処理はメインメソッド内で行われる。8-38 行は，行列 d1, d2 の入力処理である。17-18 行でクラス matrix で利用される配列が定義されている。28, 38 行は，matrix 型のオブジェクト d1, d2 の生成である。オブジェクトに関する実際の処理を行う前に生成する必要がある。39-42 行は，入力行列の表示処理である。また，43-46 行により実際の和と差の計算と結果の表示が行われている。ここで，メソッドの呼び出し方は特有であるので注意されたい。たとえば，40 行の

```
d1.print(array1,m,n);
```

は，matrix 型オブジェクト d1 に引数 array1, m, n をメッセージとして送り，matrix クラス内のメソッド print を呼び出すことを意味している。また，44, 46 行の加減算のメソッドの呼び出し，たとえば，

```
d1.add(array1,array2,m,n);
```

は，配列 array1 に基づく行列 d1 に配列 array2 に基づく m 行 n 列の行列 d2 を引数をメッセージとして送り，行列の和 d1 + d2 を計算するメソッド add を呼び出すことを意味している。基本的にメソッドの呼び出しは単項演算のよ

うに行われる．なお，行列の積のメソッドを定義する場合には二つの行列の行数と列数が引数に必要となる．

このように，特有のデータをクラス定義にすると，実際の演算を行うメソッドの記述は数値計算の場合不自然になる．しかし，これはオブジェクト指向プログラミングにおいては当然の記述となる．また，データ型のクラス定義の記述は，配列などを用いた通常の記述よりもプログラムは長くなる．実際，行列の和と差を配列を引数とする static メソッドとしてより簡単に書くこともできる．しかし，より複雑な構造を持つデータ構造の定義ではクラスの利用は有効である．たとえば，リストや木などのデータ構造を扱う場合，Java には C のようなポインタの概念がないのでクラス定義が必要となる．なお，Java によるデータ構造プログラミングについては，赤間 (2004) を参照されたい．さらに，クラス定義は数値計算における処理のモジュール化をより明確にするという利点もあると考えられる．

7.2 継承とインタフェース

オブジェクト指向プログラミングの利点の一つにプログラムの**再利用** (reuse) がある．数値計算などの多くの分野におけるプログラムを作成する場合，類似の処理を必ず記述する必要がある．また，重要な数値計算アルゴリズムを実装したプログラムについてはすでに誰かが作成している場合も多い．これらの資産を有効的に利用する手法がプログラムの再利用であり，数値計算の分野でも非常に重要であると考えられる．

継承 (inheritance) は，古いクラスから新しいクラスを効率的に定義する機能であり，これにより古いクラスの再利用が可能となる．ここで，古いクラスは**スーパクラス** (superclass)，新しく派生するクラスは**サブクラス** (subclass) と呼ばれる．継承では，スーパクラスのデータ定義とメソッド定義がサブクラスに引き継がれるので，プログラマは新しい機能や修正する機能のみをサブクラスで記述すれば良い．そして，このようなプログラミングは，**差分プログラミ**

7.2 継承とインタフェース

ング (differential programming) とも言われている。

したがって，継承は計算アルゴリズムのクラス化において重要な役割を果たすと考えられる。では，具体的な例を Euler 法を用いて説明する。第 6 章で述べたように，Euler 法は単純なアルゴリズムで微分方程式の近似解を求めることができる。そして，Euler 法の精度を高める改良アルゴリズムが修正 Euler 法である。これら二つのプログラム JAN601.java, JAN602.java を見ると，それらの違いはアルゴリズムの記述部分であり，また，基本的な計算の方針は類似している。このように，数値計算アルゴリズムの改良においては，アルゴリズムの全面的な手直しはないのが普通である。さらに，使用する変数も同様なものが用いられる。これらの考察から継承を利用することができるが，そのためには計算アルゴリズムをクラス化する必要がある。

たとえば，JAN601.java では，メインメソッドの中でアルゴリズムが記述されている。また，数値計算のためには，計算アルゴリズム部分を static メソッドとして記述することもできる。しかし，継承のためには Euler 法自体のクラスを定義しなくてはならない。クラスの定義法にはさまざまな考え方があるが，ここでは Euler 法のクラス Euler を定義し，実際の近似計算はその中で定義されるメソッド aroot() を呼び出すものとする。次のプログラム JAN703.java は，クラス版の Euler 法計算プログラムである。

```
 1: // 7.3   Euler 法（クラス版）
 2: // dy / dx = xy, y(0) = 1
 3: import java.io.*;
 4: public class JAN703
 5: {
 6:    public static void main(String args[]) throws Exception
 7:    {
 8:      double x, x0, y, y0, h;
 9:      String s;
10:      InputStreamReader in = new InputStreamReader(System.in);
11:      BufferedReader br = new BufferedReader(in);
12:      System.out.println("微分方程式 (Euler 法): dy / dx = xy, y(0) = 1");
13:      System.out.println("初期条件: x0 = 0.0, y0 = 1.0");
```

第7章 オブジェクト指向機能

```
14:     x0 = 0.0;
15:     y0 = 1.0;
16:     System.out.println("刻み幅 h を入力して下さい。");
17:     System.out.print("h = ");
18:     s = br.readLine();
19:     h = Double.valueOf(s).doubleValue();
20:     Euler euler = new Euler(x0,y0,h);
21:     euler.aroot();
22:     System.out.println("真値:");
23:     for(x = 0.100; x <= 0.500; x = x + 0.10)
24:     {
25:         System.out.println("y("+x+") = "+Math.exp(x*x/2));
26:     }
27:   }
28: }
29: class Euler
30: {
31:   public double x00, y00, hh;
32:   Euler(double x0, double y0, double h)
33:   {
34:     x00 = x0;
35:     y00 = y0;
36:     hh = h;
37:   }
38:   public void aroot()
39:   {
40:     double x, y;
41:     for(x = 0.100, y = 0.00; x <= 0.500; x = x + 0.10)
42:     {
43:        while(x00 < x)
44:        {
45:           y = y00 + hh * (x00 * y00);
46:           y00 = y;
47:           x00 = x00 + hh;
48:        }
49:        System.out.println("y("+x+") = "+y);
50:     }
51:   }
52: }
```

7.2 継承とインタフェース

ここで，クラス Euler は 29-52 行で定義されている．31 行はフィールド変数の定義，32-37 行はコンストラクタの定義，42-55 行は計算メソッド aroot() の定義である．メインメソッドでは，20 行で Euler クラスのオブジェクト euler が生成され，近似解を求めるために，21 行でメソッド aroot() が呼び出されている．

一般に，オブジェクト指向プログラムではプログラムの行数が多くなる．また，計算などのメソッドの呼び出し方が少し不自然になる．さらに，同じ働きをする変数が多用されるので変数命名に注意が必要である．この例では，オブジェクト指向の有用性は明らかではないが，継承プログラムのためにはこのような欠点が生じるのは避けられない．

次の修正 Euler 法プログラム JAN704.java は，Euler 法クラス Euler を継承するサブクラス mEuler を利用する．すなわち，mEuler は Euler を継承するが，実際のアルゴリズムを記述するメソッド aroot() がオーバライドされる．

```
 1: // 7.4    修正 Euler 法 (Euler 法の継承)
 2: // dy / dx = xy, y(0) = 1
 3: import java.io.*;
 4: public class JAN704
 5: {
 6:    public static void main(String args[]) throws Exception
 7:    {
 8:       double x, x0, y, y0, h;
 9:       String s;
10:       InputStreamReader in = new InputStreamReader(System.in);
11:       BufferedReader br = new BufferedReader(in);
12:       System.out.println("微分方程式 (修正 Euler 法): dy / dx = xy, y(0) = 1");
13:       System.out.println("初期条件: x0 = 0.0, y0 = 1.0");
14:       x0 = 0.0;
15:       y0 = 1.0;
16:       System.out.println("刻み幅 h を入力して下さい．");
17:       System.out.print("h = ");
18:       s = br.readLine();
19:       h = Double.valueOf(s).doubleValue();
20:       mEuler meuler = new mEuler(x0,y0,h);
```

第7章 オブジェクト指向機能

```
21:     meuler.aroot();
22:     System.out.println("真値:");
23:     for(x = 0.100; x <= 0.500; x = x + 0.10)
24:     {
25:         System.out.println("y("+x+") = "+Math.exp(x*x/2));
26:     }
27:   }
28: }
29: class Euler
30: {
31:    public double x00, y00, hh;
32:    Euler(double x0, double y0, double h)
33:    {
34:      x00 = x0;
35:      y00 = y0;
36:      hh = h;
37:    }
38:    public void aroot()
39:    {
40:        double x, y;
41:        for(x = 0.100, y = 0.00; x <= 0.500; x = x + 0.10)
42:        {
43:           while(x00 < x)
44:           {
45:              y = y00 + hh * (x00 * y00);
46:              y00 = y;
47:              x00 = x00 + hh;
48:           }
49:           System.out.println("y("+x+") = "+y);
50:        }
51:    }
52: }
53: class mEuler extends Euler
54: {
55:    mEuler(double x0, double y0, double h)
56:    {
57:       super(x0, y0, h);
58:    }
59:    public void aroot()
60:    {
```

7.2 継承とインタフェース

```
61:         double x, y, y1;
62:         for(x = 0.100, y = 0.00; x <= 0.500; x = x + 0.10)
63:         {
64:           while(x00 < x)
65:           {
66:             y1 = y00 + hh * (x00 * y00);
67:             y = ((x00 * y00) + ((x00 + hh) * y1)) * hh / 2 + y00;
68:             y00 = y;
69:             x00 = x00 + hh;
70:           }
71:           System.out.println("y("+x+") = "+y);
72:         }
73:       }
74: }
```

53-74 行では，クラス Euler のサブクラスとしてクラス mEuler が定義されている．Euler の変数 x00, y00, hh は継承されるので定義されていない．55-58 行はコンストラクタの定義である．57 行で Euler のコンストラクタが呼び出されている．なお，super はスーパクラスを参照するメソッドである．59-73 行で定義されるメソッド aroot() は修正 Euler 法のアルゴリズムを記述するようにオーバライドされている．

インタフェース (interface) は，抽象データ型の 1 つであり，クラスと同様に定義される．しかし，インタフェースではメソッドは実装されず，メソッド名のみが宣言される．メソッドの本体 (定義) は，インタフェースを実際に使用するクラスで実装される．インタフェースは，特に**多重継承** (multiple inheritance) と**ポリモフィズム** (polymorphism) のサポートに応用される (赤間 (2004) 参照)．

ここでは，インタフェースを利用したポリモフィズム実装について解説する．上述のように，微分方程式の解法として Euler 法とその改良形である修正 Euler 法がある．プログラム JAN703.java, JAN704.java から分かるように，近似解の計算は Euler 法と修正 Euler 法の各オブジェクトについて同じ名前の計算メソッド aroot() が呼び出されている．すなわち，呼び出しのインタフェースは同じである．よって，オブジェクトの種類に応じて適当なメソッドが呼び出さ

第7章 オブジェクト指向機能

れ処理が行われることが望ましい.

　プログラム AN704.java では，修正 Euler 法は Euler 法のサブクラスとして定義されており，継承を応用したポリモフィズムも可能であるが，以下では別個のクラス Euler, mEuler として扱う．これらのクラスの共通の処理は近似解の計算であり，メソッド aroot() が呼び出される．よって，まずこの共通のメソッド aroot() が宣言されるインタフェース root を定義する．メソッド aroot() の実装は，使用される実装クラス Euler, mEuler 内で行われる．

```
 1: // 7.5   インタフェース
 2: // dy / dx = xy, y(0) = 1
 3: import java.io.*;
 4: public class JAN705
 5: {
 6:    public static void main(String args[]) throws Exception
 7:    {
 8:      double x, x0, y, y0, h;
 9:      String s;
10:      InputStreamReader in = new InputStreamReader(System.in);
11:      BufferedReader br = new BufferedReader(in);
12:      System.out.println("微分方程式: dy / dx = xy, y(0) = 1");
13:      System.out.println("初期条件: x0 = 0.0, y0 = 1.0");
14:      x0 = 0.0;
15:      y0 = 1.0;
16:      System.out.println("刻み幅 h を入力して下さい．");
17:      System.out.print("h = ");
18:      s = br.readLine();
19:      h = Double.valueOf(s).doubleValue();
20:      Euler euler = new Euler(x0,y0,h);
21:      mEuler meuler = new mEuler(x0,y0,h);
22:      euler.aroot();
23:      meuler.aroot();
24:      System.out.println("真値:");
25:      for(x = 0.100; x <= 0.500; x = x + 0.10)
26:      {
27:         System.out.println("y("+x+") = "+Math.exp(x*x/2));
28:      }
29:    }
30: }
```

7.2 継承とインタフェース

```
31: interface root // aroot() のインタフェース
32: {
33:   void aroot();
34: }
35: class Euler implements root
36: {
37:   public double x00, y00, hh;
38:   Euler(double x0, double y0, double h)
39:   {
40:     x00 = x0;
41:     y00 = y0;
42:     hh = h;
43:   }
44:   public void aroot()
45:   {
46:     double x, y;
47:     System.out.println("Euler 法");
48:     for(x = 0.100, y = 0.00; x <= 0.500; x = x + 0.10)
49:     {
50:       while(x00 < x)
51:       {
52:         y = y00 + hh * (x00 * y00);
53:         y00 = y;
54:         x00 = x00 + hh;
55:       }
56:       System.out.println("y("+x+") = "+y);
57:     }
58:   }
59: }
60: class mEuler implements root
61: {
62:   public double x00, y00, hh;
63:   mEuler(double x0, double y0, double h)
64:   {
65:     x00 = x0;
66:     y00 = y0;
67:     hh = h;
68:   }
69:   public void aroot()
70:   {
```

第7章 オブジェクト指向機能

```
71:        double x, y, y1;
72:        System.out.println("修正 Euler 法");
73:        for(x = 0.100, y = 0.00; x <= 0.500; x = x + 0.10)
74:        {
75:          while(x00 < x)
76:          {
77:            y1 = y00 + hh * (x00 * y00);
78:            y = ((x00 * y00) + ((x00 + hh) * y1)) * hh / 2 + y00;
79:            y00 = y;
80:            x00 = x00 + hh;
81:          }
82:          System.out.println("y("+x+") = "+y);
83:        }
84:      }
85: }
```

31-34 行では，インタフェース root が定義されている。インタフェースは interface により記述され，括弧内で共通メソッド aroot() が宣言される。なお，インタフェースではメソッドは定義しない。メソッドの定義は実装クラス，すなわち，Euler, mEuler で行われる。この場合，実装クラスでは implements root により aroot() がオーバライドされることを記述する必要がある (35 行，60 行)。

JAN705.java を実行すると次のような結果が得られる。

```
微分方程式: dy / dx = xy, y(0) = 1
初期条件: x0 = 0.0, y0 = 1.0
刻み幅 h を入力して下さい。
h = 0.001
Euler 法
y(0.1) = 1.0049621065081433
y(0.2) = 1.0200979751806813
y(0.30000000000000004) = 1.0458662852951703
y(0.4) = 1.08305892482075
y(0.5) = 1.132841676879259
修正 Euler 法
y(0.1) = 1.0050125208426526
y(0.2) = 1.0202013399332495
y(0.30000000000000004) = 1.0460278595165278
y(0.4) = 1.0832870664655796
```

```
y(0.5) = 1.1331484500460065
真値:
y(0.1) = 1.005012520859401
y(0.2) = 1.0202013400267558
y(0.30000000000000004) = 1.046027859908717
y(0.4) = 1.0832870676749586
y(0.5) = 1.1331484530668263
```

以上のように，インタフェースによりポリモフィズムを実現することができる。なお，継承や抽象クラスを用いたポリモフィズム実装法もある (赤間 (2004) 参照)。

7.3　GUI

GUI (Graphical User Interface) は，ウインドウ画面上のボタンなどの操作による対話処理のインタフェースである。Java では，GUI 作成のために **AWT** (Abstract Window Toolkit) と **Swing** と呼ばれるパッケージが用意されており，GUI のための基本機能が部品化されている。なお，AWT 関連のクラスは，java.awt に含まれている。また，Swing は AWT を拡張したパッケージである。Swing パッケージを使用する場合，AWT パッケージも必要である。

AWT の各クラスは，GUI 部品，イベント処理，グラフィックスをサポートする。ここで，**GUI 部品** (GUI component) は，GUI プログラムで用いられる GUI の構成要素であり，ボタン，ラベル，テキストフィールドなどである。**イベント処理** (event handling) は，GUI 上に発生したイベントの処理である。**グラフィックス** (graphics) は，図形処理を行う機能である。イベント処理は，**イベントリスナー** (event listener) と呼ばれるモデルに基づいている。いま，画面上の GUI 部品に対する操作は，**イベント** (event) を発生させる。また，イベントの発生した GUI 部品は**イベントソース** (event source) といわれる。そして，イベントはイベントソースからそれを受け取って処理するオブジェクトであるイベントリスナーに伝達される。イベントリスナーに伝えるためには，イベントリスナーの登録と処理の記述が必要となる。

第7章　オブジェクト指向機能

さて，GUI 部品のオブジェクトの生成は，次の形式で行われる。

　　$\langle GUI\_variable\ name \rangle$ = new $\langle GUI\_name \rangle$("$\langle label\ name \rangle$");

ここで，$\langle GUI\_variable\ name \rangle$ は GUI 部品変数名を，$\langle GUI\_name \rangle$ は GUI 名を，$\langle label\ name \rangle$ はラベル名を表す。GUI 部品の貼り付けは，add で次のように行われる。

　　add($\langle GUI\_variable\ name \rangle$);

イベント処理の記述のためには，イベントリスナーの登録とその処理の記述が必要である。まず，イベントリスナーの登録は，addActionListener で次の形式で行われる。

　　addActionListener($\langle implemented\ object\ name \rangle$);

ここで，$\langle implemented\ object\ name \rangle$ はイベントリスナーを実装するクラスのオブジェクト名である。たとえば，ボタンをクリックするイベント (Action イベント) は，ActionListener インタフェースを実装したクラスのオブジェクトにより受け取られ，actionPerformed メソッドに記述された処理が実行される。

　　void actionPerformed(ActionEvent e);

ここで，e はアクションイベント変数であり，このメソッドに実際の処理が記述される。なお，GUI はアプリケーションおよびアプレットにおいて構築可能である。

次のプログラム JAN706.java は，Euler 法の GUI アプレットプログラムである。ここでは，GUI 部品としてラベル，テキストフィールド，ボタンが用いられている。**ラベル**は，文字列や数値を表示するための部品である。**テキストフィールド**は，1 行の文字列や数値の入力領域の部品である。また，**ボタン**は，クリックすることによりある処理を実行させる部品である。なお，他の GUI 部

7.3 GUI

品としては，チョイスボタン，チェックボックス，スクロールバー，ダイアログボックス，テキストエリアなどがある。

```
 1: // 7.6:  GUI (1)
 2: import java.awt.*;
 3: import java.awt.event.*;
 4: import java.applet.Applet;
 5: public class JAN706 extends Applet implements ActionListener
 6: {
 7:   Button b1, b2, b3;
 8:   TextField txt1, txt2, txt3, txt4;
 9:   public void init()
10:   {
11:     setSize(150, 330);
12:     setLayout(new FlowLayout(FlowLayout.LEFT));
13:     add(new Label("微分方程式   dy / dx = xy"));
14:     add(new Label("初期条件    y(0) = 1"));
15:     add(new Label("刻み幅    h = "));
16:     txt1 = new TextField(14);
17:     add(txt1);
18:     add(new Label("入力値    x = "));
19:     txt2 = new TextField(14);
20:     add(txt2);
21:     add(new Label("Euler 法   Ey(x) = "));
22:     txt3 = new TextField(14);
23:     add(txt3);
24:     add(new Label("真値    y(x) = "));
25:     txt4 = new TextField(14);
26:     add(txt4);
27:     b1 = new Button("実行");
28:     b2 = new Button("消去");
29:     b3 = new Button("終了");
30:     add(b1);
31:     add(b2);
32:     add(b3);
33:     b1.addActionListener(this);
34:     b2.addActionListener(this);
35:     b3.addActionListener(this);
36:   }
37:   public void actionPerformed(ActionEvent e)
```

第7章 オブジェクト指向機能

```
38:    {
39:      double h, x, x0, y, y0;
40:      String s;
41:      if(e.getSource() == b3){System.exit(0);}
42:      if(e.getSource() == b2)
43:      {
44:        txt1.setText(" ");
45:        txt2.setText(" ");
46:        txt3.setText(" ");
47:        txt4.setText(" ");
48:      }
49:      if(e.getSource() == b1)
50:      {
51:        x0 = 0.0;
52:        y0 = 1.0;
53:        y = 0.0;
54:        h = Double.valueOf(txt1.getText()).doubleValue();
55:        x = Double.valueOf(txt2.getText()).doubleValue();
56:        while(x0 < x)
57:        {
58:           y = y0 + h * (x0 * y0);
59:           y0 = y;
60:           x0 = x0 + h;
61:        }
62:        s = Double.toString(y);
63:        txt3.setText(s);
64:        s = Double.toString(Math.exp(x*x/2));
65:        txt4.setText(s);
66:      }
67:    }
68: }
```

2-4 行は，使用パッケージの宣言である。5-68 行はアプレットの定義であるが，アプレットは Applet クラスのサブクラスとして定義される。また，GUI 処理のためのイベントリスナーを実装する。7-8 行は，使用するボタンとテキストフィールドの宣言である。11 行では，setSize によりウインドウのサイズをピクセルで指定している。12 行では，setLayout により GUI 部品が左から右へ均等に配置される FlowLayout が指定 (右詰) されている。12-32 行は，使用

7.3 GUI

されるGUI部品 (ラベル，テキストフィールド，ボタン) の定義と貼り付け処理である。33-35 行は，アクションリスナーの登録処理である。37-67 行は，イベント処理であり，三つのボタンについての実行処理が記述されている。まず，41 行は終了ボタン b3 の処理である。クリックされたボタンは getSource() により認識され，System.exit(0) により正常終了処理が行われている。42-48 行は，消去ボタン b2 の処理である。消去ボタン b2 がクリックされると，setText によって，テキストフィールドに空白が設定され，入力データが消去される。49-66 行は，実行ボタン b1 の処理である。実行ボタン b1 がクリックされると，Euler 法の計算が実行される。すなわち，txt1 に入力された h と txt2 に入力された x は Double.valueOf により文字列から倍精度実数に変換される。Euler 法の計算後，y に格納されている結果は，toString により倍精度実数から文字列に変換され，txt3 に表示される。なお，真値は txt4 に表示される。

アプレットを実行するためには，クラスファイルを読み込むための次のような HTML ファイル JAN706.html が別途必要である。

```
1: <applet code = "JAN706.class"
2: width = 150
3: height = 330>
4: </applet>
```

なお，アプレットの実行法は今まで紹介してきたアプリケーションの実行法と異なる。アプリケーションプログラムは，ソースファイルを javac ファイル名.java によりコンパイルしてクラスファイルを生成し，java ファイル名 により実行される。それに対して，アプレットプログラムの実行のためには，まず，ソースファイルを javac ファイル名.java によりコンパイルしてクラスファイルを生成する。そして，クラスファイルが埋め込まれる HTML ファイルをブラウザで読み込むことにより実行される。よって，実行結果はブラウザの画面上に表示される。なお，Java 2 SDK 付属の**アプレットビューワ**によっても実行可能である。その場合には，appletviewer ファイル名.html と入力する。

第 7 章 オブジェクト指向機能

java により JAN706.class を生成し，JAN706.html をブラウザで読み込むと，GUI 画面が表示される。ここで，h, x をテキストフィールドから入力し，実行ボタンをクリックすると，Ey(x) と y(x) が対応するテキストフィールドに表示される (図 7.1)。

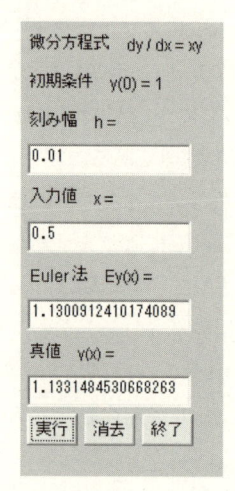

図 7.1　GUI アプレットプログラムの実行

なお，消去ボタンをクリックすると入出力値は消える。また，終了ボタンをクリックするとプログラムは終了する[1]。

さて，GUI はアプリケーションプログラムで実現可能である。その場合，**フレーム** (Frame) と呼ばれる明示的なウインドウを作成する。フレームの作成のためには，Frame クラスが利用される。タイトル *title* のフレームは，

　　$\langle frame\ name \rangle$ (String $\langle title \rangle$)

で定義される。フレームのサイズは，setSize で指定され，show で表示される。なお，setSize における縦の長さは，タイトル部分込みになるのでアプレットの場合よりも短くなる。また，アプリケーションにおけるフレームは，コマン

---

[1] なお，一部のブラウザでは終了ボタンによりプログラムが終了しない場合もある。その場合は，ブラウザ自体を終了させれば良い。

7.3 GUI

ドプロンプト上に表示される。次のプログラム JAN707.java は，JAN706.java をフレームとして書き直したものである。

```
 1: // 7.7:   GUI (2)
 2: import java.awt.*;
 3: import java.awt.event.*;
 4: public class JAN707 extends Frame
 5: {
 6:    Button b1, b2, b3;
 7:    TextField txt1, txt2, txt3, txt4;
 8:    public static void main(String arg[])
 9:    {
10:      JAN707 f = new JAN707("Euler 法フレーム");
11:      f.init();
12:      f.show();
13:    }
14:    public JAN707(String title)
15:    {
16:      super(title);
17:      setSize(150, 350);
18:      setBackground(Color.white);
19:    }
20:    public void init()
21:    {
22:      setLayout(new FlowLayout(FlowLayout.LEFT));
23:      add(new Label("微分方程式　 dy / dx = xy"));
24:      add(new Label("初期条件　 y(0) = 1"));
25:      add(new Label("刻み幅　 h = "));
26:      txt1 = new TextField(14);
27:      add(txt1);
28:      add(new Label("入力値　 x = "));
29:      txt2 = new TextField(14);
30:      add(txt2);
31:      add(new Label("Euler 法　 Ey(x) = "));
32:      txt3 = new TextField(14);
33:      add(txt3);
34:      add(new Label("真値　 y(x) = "));
35:      txt4 = new TextField(14);
36:      add(txt4);
37:      b1 = new Button("実行");
```

第7章 オブジェクト指向機能

```
38:      b2 = new Button("消去");
39:      b3 = new Button("終了");
40:      add(b1);
41:      add(b2);
42:      add(b3);
43:      b1.addActionListener(new Listener1());
44:      b2.addActionListener(new Listener2());
45:      b3.addActionListener(new Listener3());
46:    }
47:    public class Listener1 implements ActionListener
48:    {
49:      public void actionPerformed(ActionEvent e)
50:      {
51:        double h, x, x0, y, y0;
52:        String s;
53:        if(e.getSource() == b1)
54:        {
55:          x0 = 0.0;
56:          y0 = 1.0;
57:          y = 0.0;
58:          h = Double.valueOf(txt1.getText()).doubleValue();
59:          x = Double.valueOf(txt2.getText()).doubleValue();
60:          while(x0 < x)
61:          {
62:            y = y0 + h * (x0 * y0);
63:            y0 = y;
64:            x0 = x0 + h;
65:          }
66:          s = Double.toString(y);
67:          txt3.setText(s);
68:          s = Double.toString(Math.exp(x*x/2));
69:          txt4.setText(s);
70:        }
71:      }
72:    }
73:    public class Listener2 implements ActionListener
74:    {
75:      public void actionPerformed(ActionEvent e)
76:      {
77:        if(e.getSource() == b2)
```

```
78:        {
79:           txt1.setText(" ");
80:           txt2.setText(" ");
81:           txt3.setText(" ");
82:           txt4.setText(" ");
83:        }
84:     }
85:  }
86:  public class Listener3 implements ActionListener
87:  {
88:     public void actionPerformed(ActionEvent e)
89:     {
90:        if(e.getSource() == b3) System.exit(0);
91:     }
92:  }
93: }
```

JAN707.javaはアプリケーションであるので，アプレットであるJAN706.javaとは構造が異なる。8-13行はメインメソッドの定義で，フレームのオブジェクトの生成，初期処理(init())および表示処理(show())の呼び出しが行われている。14-17行はフレームオブジェクトの定義であり，タイトル処理，フレームサイズの設定，背景色の設定が行われている。setBackgroundは，背景色を設定するメソッドであり，ここでは白が指定されている。20-46行の初期処理では，GUI部品の定義と貼り付け，および，リスナー登録が行われている。なお，各ボタンについてのイベント処理は，アクションリスナーの実装クラスListener1, Listener2, Listener3で記述されている。プログラムJAN707.javaを実行すると，次のような結果となる。

第7章　オブジェクト指向機能

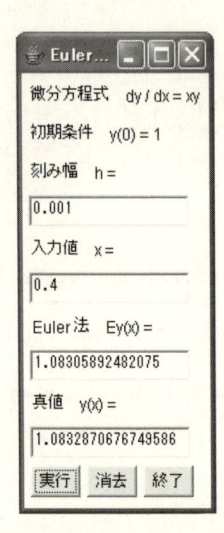

図 7.2　GUI アプリケーションプログラムの実行

第8章 Java 言語の文法

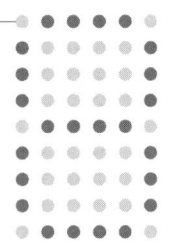

8.1 識別子

　Java プログラムは，2 バイト固定長の**ユニコード** (Unicode) により記述される。よって，Java 言語は日本語などの多国語に対応することができる。Java 言語の変数，クラス，メソッドなどを表す名前は，**識別子** (identifier) と言われる。識別子は，**数字**と**文字**から構成される。ここで，数字とは

　　0 ～ 9 (¥u0030 ～ ¥u0039)

である。なお，括弧内は対応するユニコードである。また，文字とは

　　ドルマーク: $ (¥u0024)
　　アンダースコア: _ (¥u005f)
　　英大文字: A ～ Z (¥u0041 ～ ¥u005a)
　　英小文字: a ～ z (¥u0061 ～ ¥u007a)

である。
　識別子の命名法には，次のような規則がある。まず，Java 識別子として使用できる文字は，上述の数字と文字のみである。また，最初の文字は文字でなくてはならない。大文字と小文字は，区別される。なお，識別子の長さには制限はないが，**表 8.1** に示す**予約語** (keyword) は識別子として用いることはできない。

第 8 章　Java 言語の文法

表 8.1　予約語

abstract	default	goto	null	synchronized
boolean	do	if	package	this
break	double	implements	private	throw
byte	else	import	protected	throws
case	extends	instanceof	public	transient
catch	false	int	return	true
char	final	interface	short	try
class	finally	long	static	void
const	float	native	super	volatile
continue	for	new	switch	while

ただし，goto と const は，実際には使用されない。

Java プログラムでは，プログラムの説明などのための**コメント** (comment) を用いることができる。すなわち，C のコメントと同様に，/* で始まり，*/ で終わる部分はコメントとなる。なお，このコメント記法では数行にわたるコメントの記述が可能である。また，C++ のコメントと同様に，// で始まる行末までの部分もコメントとなる。

8.2　データ型

Java では，各種のデータ型が**変数** (variable) または**定数** (constant) として使用可能である。なお，定数はリテラルとも言われる。そして，データ型には，基本データ型，配列型，クラス型，インタフェース型がある。まず，**基本データ型**は，通常のデータを表すものであり，以下の種類がある。

- **整数型** (byte, short, long)
- **実数型** (float, double)
- **文字型** (char)
- **ブール型** (boolean)

8.2 データ型

なお，各基本データ型の詳細は**表 8.2** の通りである。

表 8.2 基本データ型

種類	データ型	ビット数	範囲
整数	byte	8	$-128 \sim +127$
	short	16	$-32768 \sim +32767$
	int	32	$-2^{31} \sim +2^{31}-1$
	long	64	$-2^{63} \sim +2^{63}-1$
実数	float	32	$\pm 1.4E-45 \sim \pm 1.8E+38$
	double	64	$\pm 4.9E-324 \sim \pm 1.8E+308$
文字	char	16	$0 \sim 65535$
ブール	boolean	1	true, false

なお，文字列は String オブジェクトとして扱われる。

整数型は，整数を表すデータ型である。Java では，short, int, long の長さはプラットフォームに依存せず固定である。また，整数型は常に符号付であり，符号なし整数は存在しない。

実数型は，実数を表すデータ型である。Java では，実数は浮動小数点形式で表される。**表 8.2** 中の $1.4E-45$ は 1.4×10^{-45} を表す。

文字型は，文字を表すデータ型である。なお，文字列は String オブジェクトとして記述される。

ブール型は，真理値を表すデータ型である。

配列型は，同じ型のデータを集めたデータ型である。

クラス型は，基本データとメソッドの組み合わせで定義されるデータ型である。定義されたクラス名の型が使用可能となる。

インタフェース型はインタフェースと呼ばれる抽象クラスを定義するデータ型である。なお，これら三つのデータ型は総称して**参照型**とも言われる。

変数は，使用する前に

$\langle data\ type \rangle\ \langle var \rangle;$

第 8 章　Java 言語の文法

の形で必ず宣言する必要がある．ここで，$\langle data\ type \rangle$ はデータ型を，$\langle var \rangle$ は変数名を表す．

また，変数は宣言時に初期化することもできる．

$\langle data\ type \rangle$ $\langle var \rangle$ = $\langle expr \rangle$;

ここで，式 $\langle expr \rangle$ が変数 $\langle var \rangle$ に代入される．

リテラルには，整数リテラル，実数リテラル，ブールリテラル，文字リテラル，文字列リテラル，ナルリテラルがある．整数リテラルは，小数点のない数であり，10 進数整数定数，8 進数整数定数，16 進数整数定数，長整数定数がある．10 進数整数定数は，先頭が 0 以外の数字列である．8 進数整数定数は，先頭が 0 である数字列である．16 進数整数定数は，先頭が 0x または 0X である数字列である．長整数定数は，最後が L または l である数字列である．

実数リテラルは，浮動小数点表示による実数定数であり，単精度実数と倍精度実数がある．なお，倍精度実数は，単精度実数の倍の精度を持っており，科学技術計算などで主に利用される．浮動小数点表示とは，実数を仮数と指数に分けて表現するもので，たとえば，1.23×10^{-3} において 1.23 が仮数，-3 が指数となる．Java では，これを $1.23e-3$ と書く．なお，精度の指定を行わないと，倍精度になる．また，仮数部および指数部には符号を付けることができるが，+ の場合省略可能である．単精度実数リテラルは，浮動小数点表示で最後に F または f を付ける．倍精度実数リテラルは，浮動小数点表示で最後に d または D を付ける．

ブールリテラルは，真理値を表す定数であり，真を表す true と，偽を表す false がある．

文字リテラルは，シングルクォーテーションで囲んだ 1 文字である．なお，値はユニコードになる．また，**エスケープシークエンス**と呼ばれる特別な文字リテラルがある (**表 8.3**)．

表 8.3　エスケープシークエンスの種類

種類	名前	ユニコード
¥b	バックスペース	¥u0008
¥t	タブ	¥u0009
¥n	改行	¥u000a
¥r	キャリッジリターン	¥u000d
¥"	ダブルクォーテーション	¥u0022
¥'	シングルクォーテーション	¥u0027

文字列リテラルは，ダブルクォーテーションで囲まれた 0 個以上の文字の集まりである。たとえば，"Java" は文字列リテラルである。なお，Java では文字列は文字配列ではなく String オブジェクトとして定義される。ナルリテラル " " は，null 型の値を持つリテラルである。

8.3　演算子

Java における演算は，演算子により記述される。演算子には，以下のような種類がある。

- 算術演算子
- 代入演算子
- ビット演算子
- 論理演算子
- 関係演算子
- new 演算子
- キャスト演算子

では，各演算子について説明する。まず，**算術演算子**は，四則演算などの算術演算を行う演算子である (表 8.4)。

第8章 Java言語の文法

表 8.4　算術演算子

種類	記述	意味
+	a + b	$a+b$ (加算)
-	a - b	$a-b$ (減算)
*	a * b	$a \times b$ (乗算)
/	a / b	a/b (除算)
%	%	$mod(a,b)$ (a/b の余り)
+	+a	正符号
-	-a	負符号
++	++i, i++	$i=i+1$ (インクリメント)
--	--i, i--	$i=i-1$ (デクリメント)

なお，+ は文字列連結演算にも使用される。また，インクリメントとデクリメントの記述法には，前置形と後置形がある。

代入演算子 = は，右辺の式を左辺の変数に代入する演算である。代入演算子により，算術演算の省略形を用いることができる。

表 8.5　代入演算子

種類	記述	意味
=	a = b	$a=b$ (b を a に代入)
+=	a += b	$a=a+b$
-=	a -= b	$a=a-b$
*=	a *= b	$a=a*b$
/=	a /= b	$a=a/b$
%=	a %= b	$a=a\%b$

ビット演算子は，整数データをビット単位と見なし論理演算とシフト演算を行う演算子である。

8.3 演算子

表 8.6 ビット演算子

種類	記述	意味
&	a & b	a, b のビットごとの論理積 (AND)
|	a | b	a, b のビットごとの論理和 (OR)
^	a ^ b	a, b のビットごとの排他的論理和 (XOR)
~	~a	a の各ビットの反転 (NOT)
<<	a << i	a を左に i ビットシフト (空ビットには 0 が入る)
>>	a >> i	a を右に i ビットシフト (空ビットには符号ビットが入る)
>>>	a >>> i	a を右に i ビットシフト (空ビットには 0 が入る)

ここで，&, |, ~, ^ は，1 を真，0 を偽として，ビットごとに該当論理演算が行なわれる．

論理演算子は，二つのブール型データに関する論理演算を行う演算子である (表 8.7)．

表 8.7 論理演算子

種類	記述	意味
!	!a	a の否定 (NOT)
&&	a && b	a, b の論理積 (AND)
||	a || b	a, b の論理和 (OR)
^	a ^ b	a, b の排他的論理和 (XOR)

なお，論理演算は次の真理値表に従う．

a	b	!a	a && b	a | b	a ^ b
false	false	true	false	false	false
false	true	true	false	true	true
true	false	false	false	true	true
true	true	false	true	true	false

ここで，true は真を，false は偽の各真理値を表すブール値である．

関係演算子は，同等性や不等号などの関係を記述する演算子であり，値はブール値となる (表 8.8)．

第 8 章　Java 言語の文法

表 8.8　関係演算子

種類	記述	意味
==	a == b	$a = b$ (等号)
!=	a != b	$a \neq b$
>	a > b	$a > b$
>=	a >= b	$a \geq b$
<	a < b	$a < b$
<=	a <= b	$a \leq b$

`new` **演算子**は，配列やクラスの定義に用いられる演算子である。

キャスト演算子 () は，ブール型以外のデータの型変換を行う演算子である。なお，変換先の型が変換元の型より精度が低い場合，自動的に型変換は行われる。ここで，精度の大小関係は

```
byte < short < int < long < float < double
```

で規定される。キャスト演算は，

$(\langle data\_type \rangle)\langle var \rangle;$

のように書かれる。この記述によって，$\langle var \rangle$ は，$\langle data\_type \rangle$ のデータに変換される。

さて，Java で複雑な式を記述する場合，式の意味，すなわち，演算の順序があいまいになる場合がある。このような場合，式の意味は演算子の優先順位により決定される (**表 8.9**)。ここで，同じ優先順位の場合は，表中の左から右の順に計算は行われる。

表 8.9　演算子の優先順位

優先順位	演算子
1	(), []
2	++, --, +, -, ~, !
3	(type), new
4	*, /, %
5	+, -
6	<<, >>, >>>
7	>, >=, <, <=, instanceof
8	==, !=
9	&, ^, |
10	&&, ^, ||
11	?
12	=, +=, -=, /=, %=

8.4　配列

配列 (array) は，同じ基本データ型のデータ (要素) をいくつかまとめて一方向または多方向に並べたデータ型である．なお，配列と後述する文字列は参照型とも呼ばれる．配列には，要素を一方向に並べた **1 次元配列** と，多方向に並べた **多次元配列** がある．

1 次元配列の宣言は，次のいずれかの形式で行うことができる．

$\langle data\ type \rangle$ [] $\langle array\ name \rangle$;
$\langle data\ type \rangle$ $\langle array\ name \rangle$[];

ここで，$\langle data\ type \rangle$ はデータ型，$\langle array\ name \rangle$ は配列名を表す．

配列の宣言と初期化を同時に行うこともできるが，new を用いる方法と具体的な値を与える方法がある．まず，new を用いる場合の形式は，次の通りである．

$\langle array\ name \rangle$ = new $\langle data\ type \rangle$[$element\ number$];

第 8 章　Java 言語の文法

また，具体的な値を与える方法では，次のように書く．

$\langle array\ name \rangle$ = {e_1, e_2, ..., e_n};

ここで，$e_1, e_2, ..., e_n$ は要素を表す．

なお，配列の要素の参照は

$\langle array\ name \rangle [i]$

で行う．ここで，i は**指標** (index) と呼ばれ，配列の $i+1$ 番目の要素を示す番号である．Java では，指標は 0 から始まる．なお，指標は負数や要素数以上の値になるとエラーとなる．

多次元配列は要素を複数方向に並べた配列であるが，実際的には，2 次元配列がしばしば用いられる．2 次元配列の定義は，下記のいずれかの形式で行われる．

$\langle data\ type \rangle$ [] [] $\langle array\ name \rangle$;

$\langle data\ type \rangle$ $\langle array\ name \rangle$ [] [];

また，初期化の方法も上述の二つの方法がある．まず，new により

$\langle array\ name \rangle$ = new $\langle data\ type \rangle [element\ number 1][element\ number 2]$;

と書くことができる．

また，具体的な値を与える方法では，次のように書く．

$\langle array\ name \rangle$ = {{$e_{11}, ..., e_{1m}$}, ..., {$e_{n1}, ..., e_{nm}$}};

ここで，$e_{11}, ..., e_{nm}$ は要素を表すが，e_{ij} は i 行 j 列の要素である．

要素の参照方法は

$\langle array\ name \rangle [i][j]$;

となる．なお，i, j の値は 0 以上の整数値であり，それぞれ，$element\ number 1$ 以上, $element\ number 2$ 以上の値になるとエラーになる．

文字列は，参照型のデータであり String クラスのオブジェクトである．文字列は，ダブルクォーテーションで囲んで指定する．

8.5 制御構造

プログラムを作成する場合，さまざまな**制御構造**を用いるが，これはいわゆる**構造化プログラミング** (structured programming) の基本となるものである。制御構造には，

- 選択 (if, switch)
- 繰り返し (for, while, do while)

がある。**選択** (selection) は，条件の真偽により別の処理を行う構造である。**繰り返し** (repetition) は，同じ処理を繰り返し行う構造である。

選択には，条件分岐と多方向分岐がある。条件分岐は，条件の真偽により 2 方向に分岐するもので，if で記述される。if の記述形式は，次の通りである。

```
if(⟨条件⟩)
{
    ⟨処理_1⟩
}
else
{
    ⟨処理_2⟩
}
```

ここで，条件 は分岐条件を，処理_1 は分岐条件が真の場合の処理を，処理_2 は分岐条件が偽の場合の処理を表している。なお，else 以下は省略可能である。また，else 以下に if 文を入れ子状に書くこともできる。

多方向分岐を行うためには，switch を用いる。純粋な多方向分岐を行うためには，break を併用して，次のように書く。

```
switch(⟨変数⟩)
{
 case 値_1 :
        ⟨ 処理_1⟩;
        break;
 case 値_2 :
        ⟨ 処理_2⟩;
```

第8章　Java 言語の文法

```
        break;
        ...
default:
        〈デフォルト処理〉
        break;
}
```

　ここで，〈変数〉の値により，対応する case の処理を行い，次の処理に進む。なお，対応する case がない場合は，default の処理を行い，次の処理に進む。また，各 case 中に break がない場合には，上から順に case の処理を行う。

　繰り返しは，同一の処理を条件の真偽により何回も繰り返し実行する制御構造である。なお，繰り返しには次のような種類がある。

- 一定回繰り返し
- 前判定繰り返し
- 後判定繰り返し

一定回繰り返しは一定回数処理を繰り返すもので，for で記述される。

```
for(〈初期処理〉;〈条件〉;〈更新処理〉)
{
    〈繰り返し処理〉
}
```

　ここで，〈初期処理〉は繰り返しの初期処理，〈条件〉は繰り返し条件，〈更新処理〉は更新処理を表す。これらは，省略可能であり，各部分は複数の命令をカンマで区切って書くことができる。また，〈繰り返し処理〉は繰り返される処理を表す。

　前判定繰り返しは繰り返し条件を処理の前に判定して繰り返しを行うもので，while で記述される。

```
while(〈条件〉)
{
    〈繰り返し処理〉
}
```

while 文では，〈条件〉が偽になるまで，〈繰り返し処理〉を繰り返し実行する。

後判定繰り返しは繰り返し条件の判定を処理の後に判定して繰り返しを行うもので，do while で記述される。

```
do
{
        〈繰り返し処理〉
}
while(〈条件〉);
```

do while 文では，まず，〈繰り返し処理〉が実行され，繰り返すかどうかの〈条件〉の判定が行われる。よって，〈繰り返し処理〉は最低 1 回は実行される。なお，最後のセミコロン；は必ず書かなくてはいけない。

特殊な制御を行う命令として，break と continue がある。break は，for 文や while 文などのループから抜ける命令である。また，continue 文は，ループの途中でループの最後までスキップする命令である。break 文および continue 文は，単独では意味を持たない。また，これらの使用においては，ラベルを用いることができる。

8.6 クラス

Java プログラムは，いわゆる**クラス** (class) の集合である。クラスはオブジェクト指向の基本概念である。まず，コンピュータの世界の対象となるものは，すべて**オブジェクト** (obejct) と解釈される。オブジェクトはデータとプログラムを一つにまとめたものと考えられる。ここで，データはメンバ変数に，プログラムは**メソッド** (method) と呼ばれるメンバ関数に対応する。メソッドは，オブジェクトの振舞いを記述するものである。

Java でクラス定義を行うためには，class を用い次のように記述する。

```
[modifier] class 〈class name〉
{
```

第8章　Java 言語の文法

　　　[modifier] ⟨field variable definition⟩
　　　[⟨constructor definition⟩]
　　　[modifier] ⟨method definition⟩
　　}

ここで，⟨class name⟩ はクラス名，⟨field variable definition⟩ はフィールド変数の定義，⟨constructor definition⟩ はコンストラクタの定義，⟨method definition⟩ はメソッドの定義を表す．また，[modifier] は public などの修飾子を表す．[ ] は，括弧内が省略可能を意味している．フィールド変数の定義は，通常のデータの定義と同じである．フィールド変数の中で static という修飾子を持たないものは，**インスタンス変数** (instance variable) と呼ばれる．インスタンス変数は，修飾子により修飾可能であり，初期化することができる．static で修飾されている変数は，**クラス変数** (class variable) と呼ばれる．

　コンストラクタ (constructor) は，クラス名と同じ名前のメソッドであり，これによりオブジェクトが初期化される．コンストラクタは引数を持つことはできるが，戻り値は持たない．また，クラス定義にコンストラクタがない場合，自動的に**デフォルトコンストラクタ** (default constructor) が生成される．

　メソッドは，クラス定義内で定義されるオブジェクトの操作を記述する．メソッドの定義は，以下の形式で行われる．

　　　[modifier] ⟨return type⟩ ⟨method name⟩(⟨arg list⟩)
　　{
　　　⟨code⟩
　　　return ⟨return value⟩
　　}

ここで，⟨return type⟩ は戻り値のデータ型，⟨method name⟩ はメソッド名，[arg list] は引数リスト，⟨code⟩ はメソッドの定義，⟨return value⟩ は戻り値を表している．なお，void 型のメソッドの戻り値はない．また，static 指定のないメソッドは**インスタンスメソッド** (instance method)，static 指定のある

8.6 クラス

メソッドは**クラスメソッド** (class method) と呼ばれる。

メソッドの定義において引数を表す変数は**仮引数**，実際にメソッドに入力される値を表す変数は**実引数**と言われる。また，メソッド内で定義される変数は**ローカル変数**と言われ，型や値の有効範囲はそのメソッド内に限定される。

クラス定義により，ユーザは，**クラス型**と呼ばれる新しいデータ型を定義することができる。オブジェクトの生成は，new で以下のように行われる。

$\langle class\ name \rangle\ \langle object\ name \rangle = \text{new}\ \langle class\ name \rangle([arg\ list])$

ここで，$\langle class\ name \rangle$ はクラス名，$\langle object\ name \rangle$ はオブジェクト名，$[arg\ list]$ は引数を表す。なお，String オブジェクトは，new なしで生成可能である。

あるオブジェクトがあるクラスのインスタンスであるかどうかを判定するためには，instanceof が用いられる。

$\langle object\ name \rangle\ \text{instanceof}\ \langle class\ name \rangle$

ここで，$\langle object\ name \rangle$ はオブジェクト名を，$\langle class\ name \rangle$ はクラス名を表す。なお，instanceof の値はブール値である。

アクセス制御はアクセス修飾子により行われるが，以下のアクセス修飾子により，クラス内のメンバに対するアクセスの制限が可能である (**表 8.10**)。

表 8.10 アクセス修飾子の適用範囲

アクセス可能範囲	private	無指定	protected	public
同一クラス	○	○	○	○
同一パッケージ内のサブクラス		○	○	○
同一パッケージ内の非サブクラス		○	○	○
他パッケージ内のサブクラス			○	○
他パッケージ内の非サブクラス				○

ここで，○はアクセス可能であることを表している。public 指定されているメソッドやフィールド変数は，パッケージ外のどこからでもアクセス可能である。無指定のメソッドやフィールド変数は，これらが宣言されているパッケージ内のみでアクセス可能である。private 指定のメソッドやフィールド変数は，

これらが宣言されているクラス内のみでアクセス可能である。よって，`private` 指定によりデータのカプセル化が可能となる。`protected` 指定のメソッドやフィールド変数は，これらが宣言されているパッケージ内のクラスからはアクセスは可能であるが，パッケージ外のサブクラスからスーパクラスへのアクセスは不可能である。

継承 (inheritance) は，古いクラスから新しいクラスを効率的に定義する機能である。すなわち，継承により古いクラスの再利用が可能となる。継承は，階層関係にあるクラス間で実現されるものである。ここで，古いクラスは**スーパクラス** (superclass)，新しく派生するクラスは**サブクラス** (subclass) と呼ばれる。継承により，スーパクラスのデータ定義とメソッド定義がサブクラスに引き継がれる。よって，プログラマは新しい機能のみをサブクラスで記述すれば良いことになる。Java では，クラス定義において `extends` というキーワードを用い，継承を記述することができる。

> `public class` ⟨*class name*⟩ `extends` ⟨*parent name*⟩

ここで，⟨*class name*⟩ はサブクラス名を，⟨*parent name*⟩ はスーパクラス名を表している。なお，Java では複数のスーパクラスから継承を行う**多重継承** (multiple inheritance) はサポートされていない。なお，`this` を用い，クラス定義内で自分自身クラスのオブジェクトを参照することができる。また，`super` を用い，そのクラスのスーパクラスを参照することができる。

さて，クラスにおいて定義されたメソッドを呼び出すためには，ドット . を用い次のような形式で記述する。

> ⟨*object name*⟩.⟨*method name*⟩ ([*arg list*])

メソッドには，オーバロード，オーバライド，再帰呼び出しなどの機能がある。ここで，スーパクラスのメソッドの定義をサブクラスで変更することができるが，これは**オーバライド** (override) と言われる。なお，オーバライドは上書きとも言われる。サブクラスのメソッドをオーバライドすることによって，機

能の追加や変更が可能となる。

オーバロード (overload) は，複数の異なる処理を同じ名前のメソッドで定義する機能である。主に，引数の個数が異なる同様の処理を同じ名前のメソッドで定義した場合用いる。なお，オーバロードは，多重定義とも言われる。

再帰呼び出し (recursive call) は，メソッドが自分自身を呼び出し再帰的な処理を行うものである。再帰呼び出しは，再帰的に定義される関数 (たとえば，階乗) の記述に用いられる。

また，Java では**インタフェース** (interface) と呼ばれる抽象クラスもある。クラスとインタフェースの違いは，インタフェースではメソッドは実装されず，メソッド名のみが宣言される。メソッドの本体 (定義) は，インタフェースを実際に使用するクラスで実装される。インタフェースは，特に多重継承と**ポリモフィズム** (polymorphism) のサポートに応用されている。ここで，ポリモフィズムとは，オブジェクトの型とメッセージに対応する処理を同一のインタフェースで行うものである。

インタフェースの定義は，interface というキーワードを用いて行われる。

```
interface ⟨interface name⟩ extends ⟨list of interfaces⟩
{
    ⟨method declaration⟩
}
```

ここで，⟨interface name⟩ はメソッド名を，⟨method declaration⟩ はメソッド名の宣言を表す。しかし，メソッドの定義は書かなくて良い。なお，クラスと同様にインタフェースも継承の機能を持っている。また，⟨interface name⟩ は ⟨list of interfaces⟩ の各インタフェースを継承する。

そして，実際のメソッドの定義は，そのメソッドが使用される実装クラスにおいて，implements を用い，次のように行われる。

```
class ⟨implement class⟩ implements ⟨list of interfaces⟩
{
    ⟨definition⟩
}
```

175

第8章 Java 言語の文法

　実装クラスにおける定義により，インタフェースで定義された抽象メソッドはオーバライドされる。インタフェースを使用することにより，多重継承やポリモフィズムを実装することができる。

　Java プログラムをさまざまな用途で分類しライブラリ化したものは，**クラスライブラリ** (class library) と言われる。クラスライブラリは，**パッケージ** (package) という概念により階層的にまとめられている。パッケージは，クラスやインタフェースをまとめる機能を持っている。なお，特に有用なクラスは，**Java API** (Java Application Program Interface) の形で提供されている。現在，多くの Java API が開発されているが，もっとも基本になるのがコアパッケージ (Java Core API) であり，基本的な Java プログラミングに利用される。本書で利用されている数学関数は，`java.lang.Math` で定義されている。主な数学関数メソッドは，**表 8.11** の通りである。

表 8.11　数学関数メソッド

種類	記述	引数の型	戻り値
絶対値	`Mat.abs(x)`	int, long, float, double	a と同じ
sin	`Math.sin(a)`	double (ラジアン)	double
cos	`Math.cos(a)`	double (ラジアン)	double
tan	`Math.tan(a)`	double (ラジアン)	double
arcsin	`Math.asin(a)`	double	double
arccos	`Math.acos(a)`	double	double
arctan	`Math.atan(a)`	double	double
平方根	`Math.sqrt(a)`	double	double
a^b	`Math.powe(a,b)`	double	double
指数	`Math.exp(a)`	double	double
自然対数	`Math.log(a)`	double	double
最大値	`Math.max`	int, long, float, double	a と同じ
最小値	`Math.min`	int, long, float, double	a と同じ
切捨て	`Math.floor`	double	double
四捨五入	`Math.rint`	double	double
切上げ	`Math.ceil`	double	double
四捨五入整数化	`Math.round`	double, float	long, int
乱数	`Math.random()`	なし	0 < double < 1
円周率 π	`Math.PI`	なし	double
自然対数の底 π	`Math.E`	なし	double

　ここで，円周率と自然対数の底は，`double` 型の定数として利用可能である。

8.7　入出力と例外処理

Java プログラムにおける入出力は，**GUI** または**ファイル** (file) により行われる。Java の入出力は，**ストリーム** (stream) と呼ばれるデータの流れを表す概念に基づいている。そして，ストリームによる入出力機能である**標準入出力ストリーム**を扱うための System クラスが用意されている。System クラスでは入力には変数 in，出力には変数 out，エラー出力には変数 err が割り当てられている。

また，標準入力はキーボード，標準出力と標準エラー出力は画面が割り当てられる。標準入力は InputStream クラスのメソッドを使用し，標準出力と標準エラー出力は PrintStream クラスのメソッドを使用する。

まず，Java で入出力命令を用いるためには，プログラムの冒頭に import による次の 1 行が必要である。

　　import java.io.*;

Java の標準出力命令には，System.out.print と System.out.println などがある。これらの命令は，データを画面に表示する。System.out.print は，次のように書かれる。

　　System.out.print(*string*);

ここで，*string* は，文字列または変数である。文字列を出力する場合，出力文字を " で囲む。System.out.println は，次のように書かれる。

　　System.out.println(*string*);

System.out.println の機能は，System.out.print と同じであるが，最後に改行を出力する。

次に，Java の標準入力命令を説明する。入力データの型に応じた処理が必要である。また，数値データ入力の場合，文字列データ (String オブジェクト) としていったん入力し，その後数値データに変換しなくてはならない。

第 8 章　Java 言語の文法

　Java で入力命令を使用する場合，main メソッド定義の冒頭のメソッド名の後ろに，throws Exception を書く必要がある．これは，入力時の例外処理を設定するものである．では，各データ型別のデータ入力方法について説明する．

　文字データの入力は，System.in.read で次の形で行うことができる．

```
int c = System.in.read();
```

入力ストリームから 1 バイト読み込み対応する整数値 (0 から 255) を返す．なお，ストリームの最後として −1 を返す．ここで，c は整数型であるので，出力の際には次のように型変換命令で出力する必要がある．

```
System.out.println("Output: "+(char)c);
```

　文字列の入力は，InputStreamReader クラスと BufferedReader クラスのオブジェクトを生成し，readLine で次のように String オブジェクトを一行読み込む．

```
InputStreamReader in = new InputStreamReader(System.in);
BufferedReader br = new BufferedReader(in);
String s = br.readLine();
```

ここで，in はファイル変数，System.in はファイル記述，br はバッファ変数である．

　なお，数値データの入力は，まず文字列として入力し，必要なデータ型に変換する．ここで，データ変換はデータ型に対応する String クラスのメソッドで行われる (**表 8.12**)．

8.7 入出力と例外処理

表 8.12 文字列から数値への変換

種類	記述	戻り値
文字列から int, long 型	Integer.parseInt(String)	int, long
文字列から int, long 型	Integer.valueOf(String).intValue()	int, long
文字列から float 型	new Float(s).floatValue()	float
文字列から float 型	Float.valueOf(String).floatValue()	float
文字列から float 型	new Double(String).doubleValue()	float
文字列から float 型	Double.valueOf(String).floatValue()	float

ここで，String は各メソッドにより対応する型の数値に変換される。また，数値から文字列への変換も String クラスのメソッド toString で行われる (表 8.13)。

表 8.13 数値から文字列への変換

種類	記述	戻り値
int から文字列	new Integer(int).toString)	String
long から文字列	new Long(long).toString)	String
float から文字列	new Float(float).toString)	String
double から文字列	new Double(double).toString)	String

Java では，ファイルからの入出力処理も可能である。データをバイトストリームに変換するためには，Stream **クラス**が用いられる。ここで，ファイルのデータを読み込みバイトストリームを作成するためには FileInputStream，ファイルのデータを書き込むバイトストリームを作成するためには FileOutputStream の各クラスが用いられる。

一方，バイトストリームと文字ストリーム間の変換には，Stream Reader/Writer **クラス**が用いられる。ここで，バイトストリームのデータを文字ストリームに変換するためには InputStreamReader，文字ストリームのデータをバイトストリームに変換するためには OutputStreamWriter の各クラスが用いられる。なお，データを書式付で書き込みたい場合には，PrintWriter **クラス**を使う方が便利である。

これらのクラスを組み合わせて，ファイル入出力処理は行われる。たとえば，

第 8 章　Java 言語の文法

`infile.in` というファイルからデータをバッファ `b` に読込み，1 行に出力するためには，

```
BufferedReader b = new BufferedReader(
                   new InputStreamReader(
                     new FileInputStream("infile.in"));
System.out.println(b.readLine());
```

と記述する。

また，`outfile.out` というファイルに文字列データ `s` の内容 Java を出力するためには，

```
String s = "Java";
PrintWriter q = new PrintWriter(
                  new FileOutputStream("outfile.out"),true);
q.println(s);
```

と記述する。ここで，`FileOutputStream` の第 2 引数 `true` は既存ファイルの最後に出力結果を追加することを指定している。もし，出力結果を上書きしたい場合には，`false` を指定する。なお，入出力処理時には，ファイル関連の例外処理も一緒に記述する必要がある。以上がもっとも基本的なファイル入出力処理であるが，Java には他のさまざまな入出力方法が用意されている。

プログラム実行時には，さまざまなエラーが発生する可能性があるが，Java には，命令レベルで**例外処理** (exception handling) を行う機能がある。例外処理のために，Java には**例外クラス**である `Exception` が用意されている。主な例外処理クラスは，次の通りである。

`ArithmeticException` は，ゼロ除算などの算術演算で生じる例外クラスである。`ArrayIndexOutOfBoundsException` は，配列の指標参照が範囲外である場合の例外クラスである。`NegativeArraySizeException` は，配列のサイズが負である場合の例外クラスである。また，`FileNotFoundException` は，指定ファイルが存在しない場合の例外クラスである。`IOException` は，ファイル

8.7 入出力と例外処理

の入出力時に生じる場合の例外クラスである。

Javaの例外処理では，上記のような例外が発生すると，実行命令が例外メッセージをまず投げる。そして，投げられた例外は捕らえられ，個別に例外処理が行われる。このような例外処理を可能にするためには，try, catch, finally が用いられる。ここで，例外処理の一般的記述は，以下のように表される。

```
try{
      ⟨program⟩
}
catch(e₁)
{
      ⟨process of e₁⟩
}
...
catch(eₙ)
{
      ⟨process of eₙ⟩
}
finally
{
      ⟨finished process⟩
}
```

ここで，$\langle program \rangle$ は，例外が発生する可能性のあるプログラムである。また，$e_1, ..., e_n$ は例外クラスを表す。

もし，$\langle program \rangle$ で例外が発生すると，catch で指定された部分が対応する例外の処理を行う。また，finally の部分の処理は例外処理の後始末として実行される。

また，例外処理を簡略化するためには，throws を用い，main メソッドの後ろで

```
public static void main(String[] args) throws exname
```

と書く。ここで $exname$ は例外クラス名である。

なお，例外クラスは階層化されているので，本書掲載プログラムのように各

181

第 8 章　Java 言語の文法

例外クラスのスーパクラス Exception でまとめて throws Exception と書いても良い。

付録: Java 2 SDK の入手法

　Sun Microsystems 社により開発された Java 2 SDK, Standard Edition 1.4.2_01 は，無料で入手することができる (2004 年 9 月現在の最新版)．ダウンロード，インストール，および，パス設定の方法は，以下の通りである．

ダウンロード

(1) java.sun.com/j2se/1.4.2/ja/download.html に接続する．
(2) 「J2SE v1.4.2_01 のダウンロード」の「Windows オフラインインストール」の「SDK」の欄の「ダウンロード」を選択すると，ダウンロードが開始するので，保存先を指定する．

インストール

(1) j2sdk-1_4_2_01-windows-i586.exe (ダウンロードされたファイル) をクリックするとインストールが開始する．
(2) 途中版権の承諾画面が出るが「はい」を選択すること．

パス設定 (Windows XP の場合)

実際に使用するためにはパス設定が必要がある．
(1) 「コントロールパネル」—「システム」—「詳細設定」—「環境変数」を選

付録: Java 2 SDK の入手法

択する。

(2)「ユーザ環境変数」の欄の Path を c:¥j2sdk1.4.2_01¥bin に「新規」により新規設定する。

(3)「システム環境変数」の欄の Path の最後に c:¥j2sdk1.4.2_01¥bin を「編集」により追加する。なお，前のパスの最後とはセミコロン；で区切る。

参考文献

[1] 赤間世紀: "Java 2 による数値計算", 技報堂出版, 1999.
[2] 赤間世紀: "やさしい線形代数学", 槙書店, 2001.
[3] 赤間世紀: "Java によるアルゴリズム入門", 森北出版, 2004.
[4] 森正武: "数値解析法", 朝倉書店, 1984.
[5] Strang, G.: *Linear Algebra and its Applications*, Academic Press, New York, 1976. (山口昌哉 (監訳), 井上昭 (訳), "線形代数とその応用", 産業図書, 1978)

索 引

欧文

add　150
addActionListener　150
ArithmeticException　180
ArrayIndexOutOfBoundsException
　　　　180
AWT　149

Bailey 法　108
break　169, 171
Brnoulli 法　112

catch　181
class　171
continue　171
Crout 法　13

DKA 法　117
do while　171
Doolittle 法　13
Double.valueOf　153

Euler 法　123
Exception　180

FileInputStream　179
FileNotFoundException　180
finally　181
for　170

Gauss の消去法　8
getSource　153
GUI　149, 177
GUI 部品　149

Householder 変換　75
Householder 法　74

if　169
implements　175
InputStreamReader　179
instanceof　173
interface　175
IOException　180

Java　1
Java API　176
Java 仮想マシン　2
JDK　1

Lagrange の補間多項式　86
Lagrange 補間　85
LU 分解　12

NegativeArraySizeException　180
new　173
Newton 法　108
Newton 補間　90
new 演算子　166

OutputStreamWriter　179

PrintWriter　179

QR 分解　67
QR 法　67

Rayleigh 商　60
Runge-Kutta 法　129

setBackground　157

187

索 引

setLayout　152
setSize　152
setText　153
show　154
static　172
Stream　179
Stream Reader/Writer　179
Sturum法　74
super　145, 174
Swing　149
switch　169
System.exit　153

this　174
throws　181
toString　153
try　181

Vandermonde行列　86

while　170

和文

後判定繰り返し　171
アプリケーション　2
アプレット　1
アプレットビューワ　153

1次元配列　167
一定回繰り返し　170
一般解　121
イベント　149
イベント処理　149
イベントソース　149
イベントリスナー　149
インスタンス変数　172
インスタンスメソッド　172
インターネット　1
インタフェース　145, 175
インタフェース型　161
インタプリタ　2

上三角行列　8

エスケープシークエンス　162
オーバライド　5, 174
オーバロード　175
オブジェクト　3, 133, 171
オブジェクト指向　1
オブジェクト指向数値計算　5
オブジェクト指向プログラミング　3
オブジェクト指向方法論　4

階数　121
解ベクトル　8
拡大係数行列　8
カプセル化　4
仮引数　173
関係演算子　165

奇順列　34
基本データ型　160
逆行列　43
逆べき乗法　65
キャスト演算子　166
行列式　34

偶順列　34
クラス　4, 133, 171
クラス型　161, 173
クラス変数　172
クラスメソッド　173
クラスライブラリ　176
グラフィックス　149
繰り返し　169

継承　5, 140, 174
係数行列　8

構造化プログラミング　4, 169
後退代入　9
互換　34
コメント　160
固有空間　57
固有多項式　57
固有値　2, 57
固有値問題　57
固有ベクトル　57

索引

固有方程式　57
コンストラクタ　172

再帰呼び出し　175
再利用　140
サブクラス　5, 140, 174
差分商　91
差分プログラミング　141
三重対角行列　75
算術演算子　163
参照型　161

識別子　159
下三角行列　13
実数型　160
実引数　173
指標　168
修正 Euler 法　127
順列　34
常微分方程式　121
情報隠蔽　4

数字　159
数値計算　2
数値積分　3
スーパクラス　5, 174
ストリーム　177
スーパクラス　140
スプライン関数　96
スプライン補間　96

正規形　122
制御構造　169
整数型　160
正則　8
セキュリティ機能　2
線形計算　2
線形方程式　7
線形補間　85
前進消去　8
選択　169

相似　66
相似変換　66

対称行列　66
代数方程式　2, 107
代入演算子　164
多次元配列　167
多重継承　174
多重継承　145
単位行列　8
端末条件　96

抽象データ型　133
直接法　7
直交行列　66

定数　160
定数ベクトル　8
テキストフィールド　150
デフォルトコンストラクタ　172

特殊解　121

内積　60

二分法　78

バイトコード　2
配列　167
配列型　161
掃出し法　43
パッケージ　176
反復法　7

ビット演算子　164
微分方程式　3, 121
ピボット操作　9
標準入出力ストリーム　177

ファイル　177
ブール型　160
フレーム　154

べき乗法　59
変数　160
偏微分方程式　121

補間　2, 85

189

索引

ボタン　　150
ポリモフィズム　　5, 145, 175

前判定繰り返し　　170

メソッド　　5, 171

文字　　159
文字型　　160

ユニコード　　159
ユニタリ行列　　67

予約語　　159

ラベル　　150

例外クラス　　180
例外処理　　180
連立方程式　　2, 7

ローカル変数　　173
論理演算子　　165

著者略歴

赤間世紀

1984 年	東京理科大学理工学部経営工学科卒業
同年	富士通株式会社入社
1990 年	工学博士（慶應義塾大学）
1993 年	帝京技術科学大学（現 帝京平成大学）情報システム学科講師
現在に至る	

著書

計算論理学入門 (1992, 啓学出版), 離散数学概論 (1996, コロナ社), FORTRAN で学ぶプログラミング基礎 (1996, コロナ社, 共著), Logic, Language and Computation (1997, Kluwer Academic Publishers, editor), やさしい C 言語 (1997, 杉山書店), Visual Basic プログラミングの初歩 (1997, 実教出版), コンピュータ時代の基礎知識 (1998, コロナ社), 自然言語・意味論・論理 (1998, 共立出版), C++ によるオブジェクト指向入門 (1998, 工学図書), Visual Basic で学ぶプログラミング基礎 (1999, 丸善), Java 2 オブジェクト指向プログラミング技法 (1999, 共立出版), Java によるプログラミング入門 (1999, コロナ社), Java 2 による数値計算 (1999, 技報堂出版), はやわかり Maple (2000, 共立出版), Excel によるデータ解析入門 (2000, ムイスリ出版), 人工知能の基礎理論 (2000, 電気書院), やさしい線形代数学 (2001, 槇書店), データベースの原理 (2001, 技報堂出版), はじめての MuPAD (2001, シュプリンガー・フェアラーク東京), Visual J++ による Java 入門 (2002, 工学社), 情報処理技術者のための情報科学の基礎知識 (2002, 技報堂出版), MATLAB プログラミングブック (2002, 秀和システム), 情報処理技術者のための Java プログラミングの基礎知識 (2002, 技報堂出版), 画像情報処理入門 (2002, 秀和システム), Excel で学ぶデータ解析の基礎 (2002, ムイスリ出版), Java で学ぶ暗号プログラミング (2003, 秀和システム), システムデザイン入門 (2003, 技報堂出版), オペレーティング・システムの基礎 (2003, 工学社), Java によるアルゴリズム入門 (2004, 森北出版), C アルゴリズム入門 (2004, 共立出版), MuPAD で学ぶ基礎数学 (2004, 丸善, 共著)

Java による応用数値計算

2004年11月15日　1版1刷発行

著　者　赤　間　世　紀

発行者　長　　　祥　隆

発行所　技報堂出版株式会社

〒102-0075　東京都千代田区三番町 8-7
　　　　　　　（第25興和ビル）

定価はカバーに表示してあります。

ISBN4-7655-3334-4 C3050

電　話	営　業	(03) (5215) 3165
	編　集	(03) (5215) 3161
FAX		(03) (5215) 3233

振替口座　00140-4-10
http://www.gihodoshuppan.co.jp/

日本書籍出版協会会員
自然科学書協会会員
工 学 書 協 会 会 員
土木・建築書協会会員

Printed in Japan

Ⓒ Seiki Akama, 2004

装幀　ジンキッズ　印刷・製本　技報堂

落丁・乱丁はお取り替えいたします。
本書の無断複写は，著作権法上での例外を除き，禁じられています。

◆ 小社刊行図書のご案内 ◆

Java2による数値計算

赤間世紀 著
A5・174頁

【内容紹介】数値計算にJava2を活用するための手引書。オブジェクト指向プログラミングの基礎知識や数値計算に必要な数学的知識，Javaの実行方法や文法について概説した後，主要な数値計算理論を解説し，その数値計算のためのJava2によるプログラムを示している。演習問題と略解を付す。

システムデザイン入門

赤間世紀 著
A5・156頁

【内容紹介】システム工学の基礎と情報システムの基礎とを融合させた，新しい時代のシステムの入門書。システムデザインに不可欠な基礎知識の提供を意図してまとめられており，システムに関する一般的な解説から始め，システム分析，システム開発，評価・管理・最適化，シミュレーション，信頼性，システム制御，情報システムまで，システム全般について，わかりやすく論じている。

データベースの原理

赤間世紀 著
A5・184頁

【内容紹介】データベースソフトを自在に活用するためには，データベース理論についての一定の理解が必要である。本書は，データベース理論の基礎知識をやさしく提供する書で，基礎概念，データモデルから始め，商用データベースの主流をなす関係データベースの数学的基礎，構築法，データベース言語SQLについて解説するとともに，オブジェクト指向データベース，知識ベース，今後の動向にも言及している。

ー情報処理技術者のためのー
情報科学の基礎知識

赤間世紀 著
A5・164頁

【内容紹介】言うまでもないことかもしれないが，情報処理技術者がもつべき知識の基本中の基本は，情報科学に関する知識である。本書は，その情報科学の基礎が効率的に学習できるよう，まとめられた書で，とくに基本情報技術者試験受験者用として，同試験午前の部の出題範囲である理論的分野への対策ということを念頭に，簡潔，明快に解説されている。理解度を確認するための典型的例題を要所に配するとともに，各章末には練習問題が付されている。

ー情報処理技術者のためのー
Javaプログラミングの基礎知識

赤間世紀 著
A5・192頁

【内容紹介】Javaプログラミングの入門書。Java言語やオブジェクト指向についての基礎的な知識から，応用としての代表的アルゴリズムのJavaプログラムまでを，簡明かつ体系的に解説し，各章末に練習問題を，巻末にその解答を付している。2001年から基本情報技術者試験午後の問題に加わったJava問題の出題範囲に対応した解説がなされており，同試験の　書として最適であるばかりでなく，初めてJava言語に取り組もうと考えている人がまず手にする書としても，好個の一書である。

技報堂出版　TEL 営業 03(5215)3165 編集 03(5215)3161
FAX 03(5215)3233